中国关心下一代工作委员会
中国教育科学研究院 联合

U0615427

婴幼儿成长指导丛书

婴儿篇

主编　王书荃

教育科学出版社
·北 京·

编　委　会

关注婴幼儿成长

托起明天的太阳

顾秀莲 二〇一三年
三月二十六日

致婴幼儿家长朋友的一封信

亲爱的家长朋友：

　　您好！

　　当一个婴儿降生在您的家里，请您不要怀疑：那是上天赐给您的礼物，那是一个天使降临在您的家里。随着婴儿的生命像鲜花般逐日绽放，您会惊讶生命的神奇和绽放的壮丽。由于生命成长绽放的过程不能预演，不能彩排，更无法重来，所以我们要怀着无限的敬畏之心去呵护，何况生命的初年是弥足珍贵的。

　　0～6岁是人一生中最重要的华年，它之所以重要，是由于人生的最初六年奠定了人一生的生命质量要素：健康、智能、体能、性格和习惯。由于人生的华彩篇章往往是在成年呈现的，所以人们常常忽略幼年和童年的生命奠基价值，其实人成年后生命的质量和形态都能从幼年和童年的生活经历中找到根由。早期教育就是要重视和提高人生命初年的生活质量，为未来的人生奠定良好的基础。

　　一个人生命初年的生活质量，既关乎个体、关乎家庭，也关乎国家与民族的未来。党和政府非常重视儿童的健康成长，相继出台了一系列政策法规，意在为儿童成长创造良好的环境。儿童最主要的成长环境是家庭，家庭是孩子的第一个课堂，父母是孩子的第一任教师。做好家庭教育指导，就是为孩子建设好第一个课堂，培训好第一任教师，这无疑是非常有意义的事。培养好孩子不仅是为个人和家庭创造福祉，也是为我们的国家和社会创造美好的未来。

　　为促进婴幼儿健康发展，2014年，中国关心下一代工作委员会事业发展中心重新发起了"百城万婴成长指导计划"这一公益项目。这个项目旨在通过资源整合，服务创新，搭建公益平台，开展多项活动，向广大城乡婴幼儿家庭宣传普及科学育儿知识，提供普惠的、科学的、便捷的早教服务，为千千万万婴幼儿家庭带去关爱和帮助。这套"婴幼儿成长指导丛书"的编写就是这一公益项目的重要组成部分，是这个项目开展父母大课堂活动的讲课蓝本，也是通过互联网向广大婴幼儿家庭宣传早教知识的基本素材。

这套丛书的编写者都是早教专家和富有经验的早教一线工作者，他们在做好本职工作的同时，应中国关心下一代工作委员会之邀，通力合作，日以继夜勤奋笔耕，完成了这套丛书的编撰，其敬业与勤劳令人感佩。这套丛书的编写得到了北京硅谷和教育科学出版社的鼎力支持，得到了社会各界的热心帮助。

希望这套丛书能为您和广大读者带来帮助，有所裨益，也希望得到您的批评和指教！

祝：您的宝宝健康成长，您的家庭安康幸福！

中国关心下一代工作委员会事业发展中心

2014 年 10 月

新生命的孕育为家庭带来喜悦的同时，也带来了责任。俗话说："三岁看大，七岁看老。"现代科学证明：改变一生、影响未来的是生命最初的一千天。

人的健康从还是一颗受精卵开始就在打基础了，整个孕期，胎儿吸收大量的营养，迅速地完成身体各个器官和功能的发育。出生第 1 年，孩子的身体以令人惊喜的速度迅速长大；两岁时，孩子的大脑重量已是出生时的 3 倍；3 岁时，孩子已经具备了基本的情绪反应，掌握了沟通所需的基本语言能力。因此，0 ～ 3 岁是个体感官、动作、语言、智力发展的关键时期，奠定了其生理和心理发展的基础。但是，许多年轻父母在还没有完全形成父母意识的时候，就匆匆地担任起了为人父母的重要角色。做父母需要学习，养育孩子的过程也就是父母学习和成长的过程。父母如果具备了养育孩子必需的知识，就可以充分利用孕育生命和婴儿出生后头两三年的重要发育阶段，给胎儿提供充足而均衡的营养，为婴幼儿提供尽可能多的外部刺激，来促进孩子发育，帮助孩子发展自然的力量。

父母既要懂得一些护理、保健的知识又要掌握科学喂养的技巧，更重要的是通过情绪、情感的关怀和适宜的亲子游戏活动，为孩子的一生创造一个良好的开端，为未来的发展奠定良好的基础。

　　中国关心下一代工作委员会事业发展中心发起了"百城万婴成长指导计划"，包括"百城百站""百城千园""百城万婴"系列项目，从网络建设、工作站点、亲子园到对 0～3 岁婴幼儿的指导，系统地构建了促进儿童早期发展的管理和服务体系。为落实"百城万婴成长指导计划"，受事业发展中心委托，我们编写了这套"婴幼儿成长指导丛书"。本套丛书依年龄分为《胎孕篇》《婴儿篇》（0～1 岁）、《幼儿篇（上）》（1～2 岁）、《幼儿篇（下）》（2～3 岁）四册，按照生命发生发展的过程，从各个阶段的状态特点、保育、教育等方面，为准父母、新手父母做了系统、全面而详尽的说明、解惑和指导。

　　本套丛书，以年龄轴线作为分册的依据，每一年龄段从"特点""养育""教育"三个维度出发，通过 8 个板块（生活素描、成长指标、科学喂养、生活护理、保健医生、动作发展、智力发展、社会情感），系统、全面地向家长展示了 0～3 岁儿童生长发育的全过程，在这个基础上，教家长适时、适宜、适度地养育和教育孩子，以促进其全面健康发展。

　　我们希望这套"婴幼儿成长指导丛书"能给家长带来崭新的育儿观念、丰富的育儿知识和科学的育儿方法，让孩子在良好的环境中健康地成长。

王书荃

2014 年 10 月于北京

contents
目 录

第一章　新生儿

第二章　1～3个月的宝宝

第三章 4～6个月的宝宝

第五章　10～12个月的宝宝

第一章

新生儿

第一节　新生儿的特点

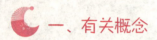 一、有关概念

1. 新生儿：胎儿从母体娩出，直到出生后 28 天，这一阶段的婴儿称为新生儿。根据出生后的健康情况，可以把新生儿分为健康新生儿和高危儿。

2. 高危儿：在胎儿期、分娩时或新生儿期，存在影响脑发育的高度危险的因素，这样的新生儿称为高危儿。具有下列情况之一者，都应判断为高危儿。

（1）胎龄小于 37 周的早产儿。

（2）胎龄大于 42 周的过期产儿。

（3）低体重儿（体重小于 2500 克）。

（4）巨大儿（体重大于 4000 克）。

（5）足月小样儿。

（6）新生儿患高胆红素血症、惊厥、重症感染、先天畸形、遗传代谢病。

（7）围产期有窒息、出血、产伤。

（8）高危孕妇。

提示与建议

1. 预后。90% 以上的高危儿能健康地生长，没有任何问题。8%～9% 的高危儿可能会出现发育迟缓，如运动、语言、认知、社会性等方面的发育迟缓，或者年龄稍大些会出现多动、自闭、学习困难、行为异常等问题。

2. 筛查。凡是符合文中"高危儿"判定标准的新生儿，爸爸妈妈一定要定期带宝宝到儿童保健部门进行发育筛查，对高危儿的发育过程进行监测，目的是对可能发生的问题进行早期发现、早期干预，以便促进宝宝健康发展。

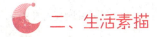

二、生活素描

刚出生不久的新生儿，除了吃奶就是睡觉。不论白天还是黑夜，几乎都是处于睡眠状态。一般来说，新生儿平均一昼夜睡 18 ～ 20 小时。

新生儿睡觉时，脸上常常做出各种可笑的表情。例如，做怪相、微笑、皱眉、噘嘴，有时还会出现吸吮或咀嚼动作。这时他正处于活动睡眠状态。成人活动睡眠（浅睡眠）时，常常在做梦，新生儿是否也在做梦，谁也不知道。新生儿的活动睡眠和安静睡眠的时间各占一半，当新生儿闭上眼睛、均匀地呼吸、处于放松状态时，表明他已经进入安静睡眠状态。

提示与建议

1. 当新生儿觉醒时，要面对面和他说话，让他看成人的脸，听成人说话，这是最好的视、听刺激。

2. 新生儿喜欢听柔和的声音，不喜欢高调和过大的声音，因此要用柔和的声音跟新生儿说话，环境中要避免嘈杂的声音。

3. 新生儿喜欢看颜色鲜艳或明暗对比明显的图像，因此要用颜色鲜艳的玩具或明暗对比鲜明的图案给新生儿看。

随着日龄的增加，新生儿的睡眠时间逐渐缩短，但醒着的时间总是少于睡眠时间。当他醒着的时候，会睁开眼睛，带着好奇心，安静不动地注视着你，专心地听你说话。这时他很少活动，很安静。所有的新生儿都会有这样的状态出现，我们称之为“安静觉醒”状态。处于安静觉醒状态的新生儿是很机敏的，喜欢看东西，尤其是活动的东西。还喜欢看圆形、颜色鲜艳的如红球，或明暗对比明显的图像。尤其喜欢看人的脸，听人说话的声音。

在觉醒时，也会出现某些活动，如手臂、腿、全身的活动，以及吃奶前或烦躁时，眼部和脸部的活动，我们将新生儿的这种状态称为“活动觉醒”状态。哭也是一种活动觉醒状态。有科学家认为，新生儿的这些活动可能有一定的目的性，是在向他们的爸爸妈妈传递信息，说明他们需要什么。

安静的睡眠状态和活动的觉醒状态，都是新生儿不同的意识状态。了解了新生儿的各种状态，爸爸妈妈就能了解新生儿，敏感地知道他们的需求并恰当地满足他们，而又不过分打扰他们的休息。

环境布置建议：

为新生儿布置适宜的环境是满足新生儿视觉、听觉发展的需要。

婴儿床上方可以悬挂颜色鲜艳的床铃，还可以挂上一些红色的小球，高度以距离床面 20 ～ 25 厘米为宜。选择轮廓清晰、颜色鲜艳、内容丰富的图案做床围。

在墙壁 1.5 ～ 1.6 米高处，张贴新生儿比较偏好的黑白轮廓图，以便爸爸妈妈抱着新生儿看一看，拿起新生儿的小手摸一摸图片，同时辅以语言解说。墙上的贴图可每周更换一次。

视觉刺激图

丰富的视觉、听觉刺激能够激发神经元茁壮地成长。

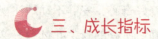 三、成长指标

（一）体格发育指标

婴幼儿常用的体格发育指标有体重（克、千克）、身长（厘米）、头围（厘米）及体质指数（KAUP 指数）。

体质指数（KAUP 指数）是指单位面积内所包含的体重，意指该面积下所涵盖机体组织的平均密度，亦被理解为身体的匀称度，用以反映孩子的体格发育状况和营养水平。

新生儿体格发育参考值

项　目		体重（千克）			身长（厘米）			头围（厘米）		
		−2SD	平均值	+2SD	−2SD	平均值	+2SD	−2SD	平均值	+2SD
新生儿	男	2.5	3.3	4.4	46.1	49.9	53.7	31.9	34.5	37.0
	女	2.4	3.2	4.2	45.4	49.1	52.9	31.5	33.9	36.2

注：本表体重、身长、头围摘自世界卫生组织"2006年儿童体重、身长（高）、头围评价标准"，身长取卧位测量，SD为标准差。

说明：所有这些关于体格发育指标的数据只是一个参考值。个体之间是存在差异的，不要因为小小的差异而焦虑，更没必要为此往医院奔波。

（二）智力发展要点

婴幼儿的智力是指人的各种基本能力，即运动能力、语言能力、认知能力、社会交往能力等，这些能力表现反映了神经系统的发育水平。因此说，婴幼儿的智力实际是神经系统的发育在行为上的表现。在不同年龄阶段，婴幼儿在运动、语言、认知、社会交往等方面表现出的行为特点是不同的，根据这些行为特点，可判定婴幼儿的智力发展水平。

新生儿的智力发展要点

领域能力	新　生　儿
大运动	新生儿俯卧时，双手双脚蜷曲在身体下面，头部的位置偏向一侧。仰卧时，大部分时间是抬着腿，或者膝盖抬在半空中，身体处于不对称状态，可以向两侧转动一点。这种姿势爸爸妈妈是很难模仿的。站立时，脚掌贴在床上，蹬着腿支撑身体，随着身体的前倾，顺势向前迈出一步，这是一种反射动作，叫作踏步反射 将新生儿俯卧水平抱起，背部拱起（向下凹），垂下头，上肢屈肘，手掌伸开
精细动作	手可成半握拳状，当爸爸妈妈用手触摸手心时，新生儿会紧紧握住爸爸妈妈的手指，这就是握持反射

（续表）

领域能力	新 生 儿
语 言	哭是新生儿唯一的语言，哭声抑扬顿挫，听到声音能暂时停止啼哭
感 知	最佳视距20厘米，偏爱红色、运动的物体及人脸。能够进行视觉追踪，但不连续；不仅有听的能力，还有声音定向的能力，但不准确
社交情感	天生就有与外界交流的能力和情绪感染的能力，出生便有愉快或不愉快的弥散性激动，会皱眉、啼哭、四肢蹬动和自发微笑。喜欢看人脸，特别是妈妈的笑脸，能够与妈妈对视，当爸爸妈妈张嘴或伸舌时有模仿倾向

第二节　新生儿养育指南

 一、科学喂养

（一）喂养方式

1 母乳喂养

新生儿断脐后30分钟，裸身抱到妈妈胸前，使母子进行充分的肌肤接触，以唤起新生儿的吮吸本能。新生儿的消化能力是惊人的，一般不到10分钟，就能将胃内的食物全部消化。所以这个阶段哺乳时间应该是灵活的，应遵循"按需哺乳"的喂养原则，"饿了就喂"对出生后一周左右的新生儿特别重要。

当妈妈感到奶胀时，即使孩子在睡眠中，也要用蘸凉水的湿毛巾轻柔地弄醒他，及时哺乳。下奶后，新生儿白天至少每1～3小时喂1次，夜里喂2～3次。即使乳汁分泌不足，甚至一周还没有明显的乳汁分泌，也应每天让新生儿吮吸8～12次，以促进乳汁分泌。除母乳外，不要给新生儿任何食物或饮料，只要新生儿频繁地吮吸，就可以满足需要。

吃奶时间长短是判断吃饱与否的直接依据。新生儿连续吮吸 10 分钟以上基本就吃饱了；如果新生儿吃完奶后能安静入睡，或者自己松开乳头、心满意足，也说明他已经吃饱了。

　　排泄状况也是一个重要指标。母乳充足的孩子，每天排尿 10 次左右，尿液淡黄透明。若每天排尿少于 6 次，或尿液色深，说明奶水不足。

　　大便反映乳汁的质量。出生后第二三天的青黑色便是胎便，胎便过后正常的大便呈金黄色或黄色糊状。

　　母乳喂养是建立母婴交流的最佳途径，更重要的是能使新生儿找到温暖安全的港湾，而安全感的获得，是日后心智发展的坚实基础。

❷ 混合喂养

　　当母乳不足时，需加其他代乳食品作为补充，即"混合喂养"。需要强调的是：只要能坚持并被正确地指导，几乎所有的妈妈都是可以哺乳的，因此，不到万不得已，别轻易放弃母乳哺喂。

　　喂养方法为：先喂母乳，每天不少于 3 次，然后用其他乳类或代乳品补充不足。用小匙、小杯或滴管喂宝宝，不要用橡皮奶头，否则宝宝容易产生"乳头错觉"。混合喂养应在两餐之间适当地补充水。一旦妈妈的奶量恢复正常，应立即转为母乳哺喂。

❸ 人工喂养

　　因母乳实在缺乏或母亲患病等原因而不能哺乳，改用动物乳（牛乳、羊乳及奶粉）或植物源性食品代替母乳喂养，称为人工喂养。配方奶是人工喂养的首选代乳品，根据体重，参考配方说明给量，就能保证新生儿营养和水的需要。

　　喂奶最好选用直式奶瓶，奶嘴软硬适中。一般在奶嘴侧面扎两个孔，孔洞大小以奶液能连续滴出即可，若奶液流速过快易呛奶。喂奶前，滴 1 滴奶于手腕内侧试试温度，以不烫为宜，宁凉勿烫。喂奶时，将奶瓶倾斜 45 度，使奶嘴中充满奶液，这样既避免吸入空气又可减轻奶液的冲击力。

　　新生儿每天要喂 6～8 次，每次间隔 3～3.5 小时。两周内的新生儿每次喂 50～100 毫升，两周后每次喂 70～120 毫升。但需要说明的是，无论配方奶说明的参考量，还是专业书籍给出的参考量，都只能给爸爸妈妈提供大致的参照，因为孩子食量大小有较大个体差异，爸爸妈妈不必过于机械。

（二）宝宝餐桌

新生儿的"餐桌"质量，取决于妈妈的膳食和营养，要为乳母安排平衡膳食。所谓平衡膳食，是指用多种食物的营养素来满足乳母、新生儿及婴儿对营养的需求。平衡膳食的"平衡"是指数量充足的各类食物间合理的搭配，以及食物中各种营养素之间适当的比例，以使最小量的营养素得到最有效的生物利用。

❶ 月子食谱

产妇需要充足而丰富的营养，主副食都应多样化，仅吃一两样食物不能满足妈妈身体的需要，也不利于乳汁的分泌。一般而言，凡营养丰富的食物，月子里均可食用。例如，各种肉类、鱼类、蛋类、蔬菜、水果等。

💡 提示与建议

1. 成功进行母乳喂养应注意事项。

（1）母婴早接触，早开奶。吮吸动作是宝宝与生俱来的本能反应，出生后 30 分钟就让宝宝吮吸母亲乳房，只有新生儿不断吮吸，才能刺激母体分泌泌乳素和催产素，母乳才会丰富。

（2）全天母婴同室。母婴同室可以加强亲子情感，增强母乳信心，还可以巩固母乳喂养。

（3）按需哺乳，饿了就喂。

（4）做到有效吮吸。不能只含乳头，必须含住乳晕，且能听到孩子吞咽奶水声。

（5）禁止给新生儿母乳以外的任何食物及饮料。不要给母乳喂养的新生儿吸人工奶头或是用安慰物，以免孩子产生"奶头错觉"。一旦产生奶头错觉，就会拒绝费力地吮吸母乳。

2. 如何知道人工喂养的宝宝吃饱了没有？

人工喂养的宝宝，容易被喂成小胖墩儿，影响宝宝健康成长。如何知道人工喂养的宝宝吃得刚刚好呢？可以参考以下几个判断指标。

（1）体重是否有规律地增加。体重增长过快或过慢，都要注意喂养问题。

（2）大便、睡眠是否正常。喂的次数多、间隔近，就会消化不良，大便次数增多；如果吃不饱，常处于饥饿状态，宝宝会经常啼哭，影响正常睡眠。

（3）从脸色和精神状态看。宝宝的精神、情绪好，很少哭闹，睡得好，睡醒后愉快，体重增长正常，可以认为喂养得比较好。

月子食谱种类繁多，各有特点，在营养上也各有偏重，很难说哪种食谱更合理一些。在这里列举两例，仅供参考。

食谱一

早餐：小米粥1碗（小米100克、红糖10克），馒头50克，鸡蛋两个，牛奶250克，白糖10克。

午餐：花卷150克，骨头汤面1碗，酱牛肉100克，虾米10克，炒白菜200克。

午点：下午3点左右喂奶后，鸡蛋1个，番茄100克，面100克。

晚餐：豆浆1碗，米饭150克，红烧带鱼100克，肉片25克，炒油菜100克，橘子50克。

晚点：牛奶150克。

食谱二

早餐：肉丝面汤1碗（猪肉25克、面50克），猪肝炒芹菜（猪肝25克、芹菜10克），蒸蛋羹（鸡蛋25克），牛奶50克，橘子50克。

午餐：大米绿豆粥（大米150克、绿豆10克、红糖10克），鸡蛋炒菠菜（鸡蛋50克、菠菜100克）。

午点：豆腐脑100克，橘子100克。

晚餐：小米粥1碗（小米100克、红糖10克），鸡蛋1个，白菜炖豆腐1碗（白菜100克、豆腐50克、发菜20克），紫菜汤1碗（紫菜10克、虾皮10克）。

晚点：玉米面粥1碗（玉米面50克、牛奶150克）。

❷ 家庭烹制增乳汤

乳汁不足的妈妈，可用传统食疗法催乳，既安全又简单有效。介绍几例如下。

丝瓜鲫鱼汤：新鲜鲫鱼1条，去内杂洗净。稍煎，加黄酒、水，加姜、葱调味。小火焖炖20分钟。丝瓜200克，切片，放入鱼汤中，旺火煮汤至乳白色后加盐，几分钟后起锅食用。把丝瓜换成适量豆芽或者通草也可。

通草猪蹄汤：通草两克，猪蹄4只或蹄髈1只，加水煮熟烂，食肉饮汤。

乌骨鸡汤：乌骨鸡1只，洗净切碎，用葱、姜、盐、黄酒拌匀，加黄芪20克、枸杞15克、党参15克，隔水蒸20分钟即可。

枸杞鲜虾汤：新鲜大虾100克，枸杞20克，黄酒20克。大虾去足须，洗干净，放入锅内。加枸杞和适量水共煮汤，待虾熟倒入黄酒，搅匀即可食用。

传统育儿拾贝

婴儿哺乳

在母乳喂养方面，中国医学有着深入细致的描述。唐代名医孙思邈在其名著《备急千金要方·卷五上·择乳母法》中说道："凡乳母者，其血气为乳汁也。五情善恶，悉是血气所生也。其乳儿者，皆宜慎于喜怒。"意思是说：乳母的乳汁是由其血气转化而成的。五情善恶，都与血气化生有关。给婴儿哺乳的人，要性情善良温和，不可喜怒无常。可见我们的先辈早就重视孩子情绪的发展。

在《千金翼方·卷十一》中说："凡乳儿不欲大饱，饱则令吐。凡候儿吐者，是乳太饱也，当以空乳乳之即消。"意思是说：凡是新生儿哺乳，都不宜太饱，因为太饱会使其吐乳。反过来说，凡是新生儿吐乳的，大多是喂得太饱的缘故。应该用空乳喂新生儿，则吐乳的症状就会消失。

 二、生活护理

（一）日常护理

❶ 洗澡

新生儿出生后第2天即可洗澡，冬季每天1次，夏季每天至少1～2次，水温以38℃～40℃摸上去不烫手为宜；室温控制在25℃以上。具体方法如下：用浴巾裹住宝宝全身，以防受凉。一只手的拇指和中指从宝宝耳后向前压住两侧耳郭以盖住耳孔，防止耳朵进水。手掌和前臂托着宝宝的脖子、头及后背，先洗脸、再洗头。洗头时头向后仰，将头发湿润，加少量洗发液轻轻揉洗，用清水冲洗干净，马上擦干。脐带未脱落前应分别清洗上下身，以防洗澡水溅入脐孔。先洗颈部、上肢，再洗前胸、腹部、背部及下肢，最后洗外阴和臀部。洗毕，迅速用浴巾包裹，皱褶处仔细擦干，以防皮肤糜烂和发生尿布疹。全过程应在5～10分钟内完成。

❷ 睡眠

对于新生儿来说，睡眠占据了生活的大部分时间，正常情况下，每天能睡20个小时左右。出生前，胎儿是在各种声音的陪伴下发育起来的，如肠鸣、血液流动、心跳声等。对声音的熟悉和偏好，使爸爸妈妈没必要为新生儿制造特别安静的睡眠环境，以免日后养成睡眠太轻的习惯。

新生儿大多采取仰卧或侧卧的睡姿，最好是仰卧、侧卧相结合，利于颅骨及脊柱两侧骨骼均匀发育。由于新生儿溢奶容易堵塞口鼻引起窒息，因此，当吃饱后入睡时，需要帮助他采用右侧卧位，一个小时后再让他仰卧。新生儿在睡觉的时候无须使用枕头，过早使用枕头，会影响伸肌发展，使头处于被动屈位，可用毛巾叠4层垫在头下。

❸ 衣着

新生儿的衣着要舒适，和尚服式的上衣利于颈部散热，前襟略长能盖住肚脐。衣服颜色宜浅，以纯棉质地为好，新生儿可以比爸爸妈妈少穿一件。连脚裤也要足够宽松，便于腿伸直。新生儿应戴一顶能吸汗的纯棉小帽。不

要戴手套，不要把手藏在袖子里，不要用扣子或拉锁，不要用过紧的松紧带束。新生儿的衣着既要舒适，使孩子活动自如，更要保证安全。

需要裹襁褓时，不要用打"蜡烛包"的方法将宝宝四肢绑直捆紧，这不利于宝宝的生长发育，要使宝宝的双腿在襁褓中呈自然屈曲状态，能自由活动。

❹ 二便和臀部

最早可以在新生儿出生 20 天后开始"把尿"，学习听声音和用"把"的姿势排大小便，逐渐形成条件反射。每次"把"的时间不应超过 3～5 分钟，宝宝哭闹、打挺儿表示拒绝时不要勉强；不要过勤，以免造成尿频。

新生儿大便呈金黄色或黄色糊状，如有碎豆花样的奶渣，表明消化不充分。吃纯母乳的新生儿有时大便稀，一哭闹、放屁就会有粪便从肛门流出来，这就叫"生理性腹泻"，无须治疗，但妈妈要少吃脂肪高的食物。随着宝宝月龄的增长，添加辅食后排便情况会慢慢好转。但此类宝宝因为大便次数较多，臀部受尿渍、粪渍的侵害易患上红臀。所以每次要用卫生棉球蘸上温开水，仔细清洗臀部，并均匀、轻薄地涂抹护臀霜或凡士林，以便有效防止新生儿红臀。

❺ 冷暖

新生儿既怕冷又怕热，环境温度过高或穿的衣物过多，容易使新生儿体温升高，出汗多、湿疹加重，或者出现脱水热、汗疱疹。相反，环境温度过低，新生儿体温会随之降低，手脚冰凉，严重时可发生硬肿症。穿衣服的多少以新生儿手、脚、背部保持温温为宜。如果新生儿后背和颈部湿润，或者皮肤温度较高，说明衣服穿得多，可以适当脱去一件。当新生儿皮肤发花、手脚冰凉，说明衣服过薄，应及时添加。

提示与建议

日常生活中也有一些安全隐患，爸爸妈妈一定要提高警惕，预防意外事故的发生。

1. 预防窒息。由于新生儿不会转头，也不会翻身，枕头及被褥极易阻塞口鼻，有发生窒息的可能。因此，在新生儿俯卧睡眠时，一定要有人在旁照顾，否则有发生窒息的危险。

2. 防烫伤。人工喂养，奶液温度过高；保温袋直接接触皮肤，水温又高，均可以造成烫伤。故人工喂养，奶液温度宜低不宜高；保温袋要距孩子皮肤10厘米左右。

3. 防丝线缠绕指端。每天都要多次检查宝宝的手指、脚趾是否被手套、袜子或被子上的丝线缠绕，以免血流不通、组织坏死而残疾。

4. 防动物咬伤。养猫、狗等小动物的家庭，不要让动物与新生儿亲密接触；夏天，及时驱除家里的蚊虫。以免新生儿被动物抓伤、被蚊虫叮咬。

5. 防溺水。给宝宝洗澡时，不能丢下宝宝去接电话、开门等，如果必须去，一定要把宝宝用浴巾包好抱在手里，以防意外。

（二）特殊护理

脐带的护理

脐带是胎儿连接母体（胎盘）的通道，出生后脐带会被结扎、剪断，留下脐带的残端。正常情况下，脐带在出生后24～48小时自然干瘪，3～4天开始脱落，10～15天自行愈合、脱落形成脐窝，通常称为肚脐眼。

如果护理不当，细菌可在局部生长、繁殖，引起新生儿脐炎。细菌还可能通过脐带进入血液，引起新生儿败血症。所以必须做好脐带的护理。

（1）脐带未脱落前。

一要注意脐部的消毒。在新生儿脐带未愈合前，应每天两次消毒脐部。消毒液可选用5%聚维酮碘（碘伏）或75%的酒精。消毒时左手食指和拇指轻轻按压宝宝脐部两侧，以便暴露脐孔；右手用蘸有消毒液的小棉签自内向外成螺旋形消毒，直径约3厘米，要注意脐轮下缘凹陷部分的消毒。

二要保持局部清洁、干燥。洗澡时，尽量避免洗澡水溅入脐孔，洗澡后用清洁的柔软纯棉毛巾轻轻将脐带周围皮肤沾干，并用蘸了75%酒精的棉签消毒。换尿布时注意尿布不要覆盖于脐部，以防大小便污染脐部。

（2）脐带脱落后。

新形成的肚脐眼发红而湿润，这是正常现象，可以用蘸了75%酒精消毒，以促进肚脐眼的愈合。千万不要揭肚脐眼的痂皮，务必等它自行脱落。

每次护理时应注意脐部的观察。如有脐孔潮湿、渗血、分泌物增多等现象时，应加强消毒。当出现以下情况时，应及时去医院就诊。

•脐部分泌物增多，有黏液或脓性分泌物，并伴有异味。

•脐部潮湿，脐周围腹壁皮肤红肿。

•脐孔溶血，或脐孔深处出现浅红色小圆点，触之易出血。

三、保健医生

（一）特殊现象

新生儿结束了在妈妈子宫内的生活，来到了世界上。为了适应这个陌生的世界，新生儿生理上会发生一些改变，表现出一些特殊的现象，这对新生儿来说是正常的。

❶ 生理性黄疸

大部分足月新生儿出生后 2～3 天皮肤、巩膜出现黄染，于 4～6 天时最重，7～10 天后消退。早产儿可延迟至第三周才消退。在此期间，新生儿一般情况尚好，吃奶、睡觉均很正常。生理性黄疸是一种正常的生理现象，爸爸妈妈不必惊慌。

❷ 粟粒疹

有时新生儿的鼻尖和鼻翼两侧有黄白色如粟米大小的疹子，这是一种正常现象，是皮质堆积造成的，不久可自然消退。

❸ 乳房肿大

出生后 3～5 天，男女婴均可能发生乳腺肿胀，如蚕豆至鸽蛋大小，甚至分泌少许乳汁样液体，多于出生后 2 ～ 3 周消失。出现这样的情况，爸爸妈妈不必惊慌，也不必处理，这是由于出生后雌激素中断所致。

❹ 假月经

出生后 5 ～ 7 天的女婴，有时可见少量阴道出血，有时还可见白色分泌物自阴道口流出，持续 1 ～ 2 天自止。这是因为胎儿娩出后，雌激素水平下降，子宫内膜脱落所致。无论是假月经还是白带，都属于正常生理现象，不需任何治疗。

❺ 马牙子

有些新生儿在上腭中线附近及牙床上有白色颗粒状物，这是正常上皮细胞堆积或黏液潴留导致的肿胀，称为上皮细胞珠，俗称"马牙子"，经过数周会自然消退。这是正常的生理现象，对孩子吃奶以及将来出牙不会有影响。

❻ 脐疝

新生儿脐带脱落后，脐带部位有突出腹外的腹腔脏器，脏器表面有一层透明的囊膜覆盖，囊膜上是脐带残端，这就是脐疝。新生儿哭闹、排便使得腹部压力增高，脐疝增大，睡眠、安静时，脐疝减小，甚至看不见。大多数 1 ～ 2 岁自愈。如果脐疝过大，属于疾病范畴，则需手术治疗。

（二）疾病筛查

❶ 遗传代谢、内分泌疾病筛查

《母婴保健法》明确指出："医疗保健机构应当开展新生儿先天性甲状腺功能低下和苯丙酮尿症等疾病的筛查，并提出治疗意见。"以早期发现、早期诊断、早期干预，预防疾病发生带来的严重后果。我国筛查的疾病主要是先天性甲状腺功能低下（CH）和苯丙酮尿症（PKU）。

方法：在新生儿足跟针刺取血，滴在滤纸上，送检；正常采血时间为出生 72 小时后，7 天之内，并充分哺乳；这项筛查需要在出生的医院由经过培训的医务人员进行。

❷ 先天性髋关节发育不良

这是一种可以治疗的疾病，漏诊和误诊会严重影响宝宝骨骼发育。正常新生儿的腹股沟线不低于肛门。这项检查须医务人员进行。

❸ 听力筛查

新生儿听力筛查在出生的医院进行，由专业人员在环境安静（噪声低于45分贝）、通风良好的专用房间，用耳声发射仪或自动听性脑干诱发电位测试。出院前进行初筛，未通过者于42天内进行复筛，仍未通过者转当地听力检测中心。复筛阳性的患儿由听力检测机构进行耳鼻咽喉科检查及声导抗、耳声发射、听性脑干诱发电位测试、行为测听及其他相关检查，并进行医学和影像学评估，一般在6月龄做出诊断。

以上疾病筛查都是在医院，由医务人员进行。如果医务人员没有给予特别提示，说明一切正常。

（三）保健要点

❶ 健康检查

满月至出生后42天，对新生儿进行第一次健康检查，由所在社区医院儿童保健科的保健医生进行。医生根据宝宝的身长、体重、头围、胸围、囟门等指标判断宝宝的发育状况。此外，还要检查宝宝的听力、视力、肢体发育等。

（1）身长和体重。

身长和体重的增长会因为母乳质量、喂养方式、睡眠情况的不同而呈现个体差异。新生儿出生时平均体重3千克左右，出生后3～7天比出生体重减少3%～9%，这一现象称为"生理性体重下降"，是由于出生后摄入量减少，排出量增多所致。到第10天左右可恢复到出生体重，满月时平均增加800克左右。

（2）头围和囟门。

出生时平均头围为34厘米，满月前后，头围比出生时增长2～3厘米。如果新生儿头顶前囟门小于1厘米或大于3厘米，就应该引起重视，前囟门过小，常见于小头畸形，前囟门过大常见于脑积水、佝偻病、呆小病。如果经检查，医生没有特别提示，就说明一切正常，爸爸妈妈无须担心。

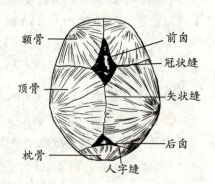

（3）听力筛查。

参见"新生儿疾病筛查"。

（4）视力测试。

一般用直径为 10 厘米的红色球在距离宝宝眼睛 15 ～ 20 厘米的地方晃动，检查宝宝是否会用眼睛追视。

（5）肢体检查。

此时宝宝的胳膊、腿总是喜欢呈蜷曲状态，两只小手总是握成拳。

❷ 免疫接种

出生 24 小时内会接种乙肝疫苗（1），满月后还要再接种乙肝疫苗（2）。出院前要接种卡介苗，预防结核病。接种卡介苗后 2 ～ 3 天，注射部位会红肿，但很快消失。两周左右注射部位再次红肿，并破溃形成溃疡，一般直径不超过 0.5 厘米，有少量脓液，然后结痂。痂皮脱落后留有疤痕，前后持续 2 ～ 3 个月。所以应提醒爸爸妈妈：在给孩子洗澡、换衣服时应小心，以免感染伤口。

传统育儿拾贝

新生儿养护

明朝的名医皇甫中，在其著作《明医指掌·卷十·初生护养歌》中写道："但将故絮遮其身，下体单寒常露足。"意思是说：要用柔软、宽松的衣着、包被包裹新生儿，上身要暖，下身可适当凉一点。他认为"昧者重绵尚恐寒，乳哺不离犹恐哭"。亦即：愚昧的人给宝宝包了一层又一层棉被，还恐怕冻着宝宝，为了不让宝宝哭，乳头始终不离开宝宝的口。其实"见些风日有何妨？月里频啼才是福"。是说出生一周后的新生儿，在天气好的时候，经常抱出来在院落里见见风光、晒晒太阳怕什么呢？月子里的宝宝频繁啼哭是正常的。如果"但见微风便感寒，才闻音响时惊愕"。稍微有一点风，就怕冻着宝宝，很小的声响就怕吓着宝宝。"做出疾病不可言，所以富儿多命促。"以上这些做法使宝宝很容易生病，所以说富贵人家的孩子多是短命的。最后，他说："我尝谙此历验之，故此子孙多易鞠。"即我非常精通以上的育儿经验，而且屡屡灵验，所以，我家的子孙容易抚养。

以上代表了先人的育儿理念和方法，至今对我们也有很好的借鉴作用。

第三节　促进新生儿发展

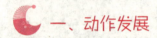 一、动作发展

（一）动作发展状况

❶ 新生儿的动作自胎内开始

胎儿在子宫内的运动是胎动，胎动给准爸爸妈妈带来了无限乐趣。实验证明，用超声波观察胎儿，在母腹外用声音或光照刺激，均会引起胎儿反应，胎儿会惊跳、会将脸转向呼唤他的爸爸，甚至还会吮吸大拇指。实际上，运动从胎儿期就已经开始了，新生儿的动作、运动是胎动的延续和发展。

运动本身对肌肉骨骼的生长发育，对神经细胞的生长是必需的。运动受神经系统的支配，反过来又促进神经系统的发育。促进运动的发展有利于新生儿的早期智力开发。

❷ 最早的动作——新生儿反射

新生儿从一开始就能对特定的刺激产生自动的反应。这是一种不用经过思考的不随意反应，这就是反射。反射是新生儿最早、最明显的动作，有些反射对宝宝的生存有重要价值，如觅食反射；有些反射能帮助宝宝以后有意动作的发展，如行走反射能够帮助宝宝以后学习行走，抓握反射可以为宝宝抓握物体的动作做准备。反射是智力发展的最原始基础。

❸ 新生儿的模仿能力

有研究表明，新生儿能够模仿，在两周的时候，就能够模仿简单的行为，如伸出舌头，大大地张开嘴。此外，还有更高一级的模仿，那就是竖起头、身体站立等。新生儿由于主动肌张力的存在，在帮助下可使头竖直 1～2 秒。

（二）动作训练要点

1 动作反射

在新生儿阶段，爸爸妈妈要了解宝宝的先天动作反射，如爬行、踏步、游泳反射等，并给予积极的刺激，这对宝宝以后各项动作技能的发展有着极其重要的促进作用。

2 肌力锻炼

由于新生儿模仿能力和主动肌张力的存在，爸爸妈妈可以帮助新生儿使头竖起来，锻炼肌力。

（三）健身活动

【游戏一】

名称：抬头操

目的：促进颈部、背部肌肉发育，促使宝宝早抬头。

方法：

1. 俯卧抬头：宝宝吃奶前，俯卧在床上，成人两手放在头两侧，扶头至中线，用玩具逗引宝宝抬头片刻，边练习边说"小宝宝抬抬头"，同时用手轻轻抚摸宝宝背部，使宝宝感到舒适愉快，背部肌肉放松。

2. 竖直抬头：将宝宝竖抱起来，头部靠在爸爸或妈妈肩上，轻轻抚摸宝宝颈部及后背，使其肌肉放松，然后不扶头部，让宝宝自然竖直片刻。每天练习5～6次。

3. 抬头操：宝宝俯卧于床上，爸爸或妈妈在宝宝身后两手扶宝宝两肘，并同时向中心稍用力。"一、二"两手位于胸下；"三、四、五、六"使宝宝上半身抬起，头也逐渐抬起；"七、八"还原。第二个八拍动作同第一个八拍。

【游戏二】

名称：头竖直

目的：促进颈部、背部肌肉发育。

方法：

1. 竖直拍嗝：给宝宝喂奶后，使其头部靠在妈妈肩上，轻拍几下，让其打个嗝以防吐奶，然后不要扶住头部，让其自然竖直片刻。

2.竖直抬头：将宝宝竖直抱起，一手抱着宝宝的腰部，一手托住宝宝的头部，并用肘部尽量垂直靠住脊柱，使宝宝安全地处在竖直位上，提供宝宝竖直位控制头部的机会与经验。

【游戏三】

名称：学"走路"

目的：利用行走反射，为日后自主行走做准备。

方法：双手放在宝宝腋下，抱住宝宝，使其光脚接触平地。宝宝能像走路那样两脚轮流迈步。踏步良好时，会像散步一样，有的会走十余步。爸爸妈妈在宝宝精神状态较好时，可以做此锻炼。

注意：早产儿及佝偻病患儿，不宜做此项训练。

二、智力发展

（一）智力发展状况

❶ 新生儿出生就有学习的能力

新生儿出生不久就会看东西，喜欢看轮廓鲜明和深浅颜色对比强烈的图形，如黑白相间的棋盘，但他最喜欢看人的脸。新生儿不但能看，而且能记住所看到的东西。

新生儿一出生就有声音定向能力，他们不但听声音，还要看声源，说明眼睛和耳朵两种感受器由神经纤维连接起来了。出生两周的新生儿不但能记住自己妈妈的声音和脸的形象，还能把听到的声音和看到的形象联系起来。

触觉、味觉和嗅觉也是新生儿探索世界奥秘、认识外界事物的重要途径，嘴唇和手是最灵敏的触觉器官，这可以解释为什么新生儿喜欢吮吸手指。新生儿有良好的味觉和惊人的嗅觉，出生6天的新生儿，能辨别自己妈妈的气味。

研究表明，出生3周的新生儿，能够将来自不同感觉器官的信息在大脑中联系起来，表现出了学习的能力。如果说眼睛、耳朵、口、鼻子和皮肤等感觉器官是心灵的窗口，那么刚出生的新生儿心灵的窗口是敞开的，随时准备捕捉来自环境的良好信息，上千亿个大脑细胞随时准备接收和处理这些信息，这就是学习的开始。

❷ 哭是新生儿唯一的语言

人类的语言，在新生儿时期就已经开始萌发了，起初先会哭叫，新生儿"说的能力"就是哭的能力。哭是新生儿唯一的语言，是和成人交流的主要方式，以后逐步扩展到面部表情和手势。在新生儿用哭与人交流的同时，他一直在倾听周围说话的声音，并学会了辨别不同的表达方式，这就是懂话的萌芽。

（二）智力开发要点

❶ 为感知觉的发展营造良好环境

新生儿视觉、听觉等感知觉能力发展很快。因此，要为新生儿营造一个有利于视觉、听觉发展的良好环境，视觉和听觉能力是认知和学习的基础。

❷ 用语言和表情与新生儿交流

语言的开发要从新生儿开始，爸爸妈妈要随时随地与孩子面对面地说话，用语言安慰他，目的是让新生儿感受语言。

（三）益智游戏

【游戏一】

名称：看图形

目的：提供视觉刺激。

方法：游戏前，准备黑白相间的条纹图案，条纹宽约4厘米。游戏时，为宝宝呈现条纹图案，条纹方向为竖直方向。第一次观察图案的时间为8～9秒。当宝宝熟悉这张图片后，可将条纹图案的方向更换为水平方向，吸引宝宝注视新的视觉刺激。

【游戏二】

名称：看和听

目的：发展视觉和听觉。

方法：宝宝睡醒以后，妈妈用一个鲜红色的玩具逗引宝宝，如红色的绒布娃娃等，看他有无视觉反应。当宝宝看到玩具时，会盯着它看，这时，妈妈再把玩具慢慢地移动，让宝宝的视线追随玩具移动，这样一直逗引宝宝玩要2～3分钟。

妈妈把摇铃放在宝宝的一侧摇晃，节奏时快时慢，音量时大时小，但音量不要过于强烈。注意不要让宝宝看到摇铃，而是让他用眼睛寻找声源。

【游戏三】

名称：抓握

目的：刺激手部的动作反射，发展动作能力。

方法：新生儿一出生就有抓握反射，如果妈妈用两个手指从宝宝的第5指伸入手心，他就会握住妈妈的手指，这时妈妈可试着将新生儿提起，你会发现宝宝可被你提到半坐位，最棒的宝宝可完全握住你的手指使整个身体离开小床。根据这种能力，还可用花环棒、笔杆、筷子之类的物品让宝宝试握。

新生儿抓握的这种本领是无意识的，经常与宝宝做此游戏的目的是发展宝宝手的抓握能力。

【游戏四】

名称：手指按摩

目的：刺激神经末梢，促进大脑发育及手指灵巧。

方法：妈妈在给新生儿喂奶时，可以用一只手托住宝宝，用另外一只手轻轻按摩他的手指头。经常这样按摩能刺激宝宝的神经末梢，促进血液循环，发展他的触觉感知，有助于大脑的发育和手指灵活度的发展。

三、社会情感发展

（一）社会情感发展状况

❶ 新生儿天生就有与人交往的能力

新生儿所有的行为活动，都可以按照觉醒和睡眠的不同程度分为五种状态。一个出生两天、处于安静觉醒的新生儿可以专心地注视人，安静地听人说话。活动觉醒时，脸和眼部活动增加，新生儿的这些活动具有一定的目的性，是在向他们的爸爸妈妈传递信息，说明他们需要什么。新生儿最喜欢看人的脸，最喜欢听人的声音。还能够进行模仿，这些行为都表明他们已经具备了理解和与成人交往的能力。

❷ **先天反射有助于亲子间柔情的互动**

新生儿天生的原始反射有助于爸爸妈妈和新生儿之间建立起柔情的互动。比如，哺乳时，新生儿会自动寻找并发现乳头，会自动含住并轻轻吮吸，会紧紧抓住你放在他手心中的手指不放。新生儿的这些举动极易激起爸爸妈妈的疼爱之心，萌生保护宝宝的意愿。

❸ **原始情绪和社会性反应都具有生存适应意义**

新生儿会表现出皱眉、啼哭、四肢蹬动等，这些都是新生儿的原始情绪的表现。新生儿的情绪是一种弥散的激动，这种激动存在微弱的分化，萌芽出愉快和不愉快的两个情绪方向。

新生儿在睡梦中会"微笑"，这种微笑虽然是反射性的，没有社交意义，却能激发爸爸妈妈的回应，这既是两者之间的互动，也印证了新生儿的社会性反应具有生存适应意义。

（二）社会情感培养要点

❶ **通过眼神交流，培育新生儿温暖的心灵**

新生儿出生后的觉醒状态就是注视，即使刚出生的婴儿，也能与爸爸妈妈的视线对合。宝宝心里的爱就是依靠这种眼神的传递获得的。通过眼神交流，培育宝宝温暖的心灵。

❷ **使新生儿得到心灵上的安定**

有研究表明，婴儿的心灵极度敏锐，它能够感受到愉快和不愉快，而且始终谋求心灵上的安定。妈妈心灵的安定、妈妈的笑脸、与妈妈的肌肤接触都可以使新生儿的心灵得到安定。

（三）社会情感发展游戏

【游戏一】

名称：看一看

目的：增加宝宝与亲人间的情感交流。

方法：在宝宝完全清醒的状态下，爸爸妈妈抱着宝宝，面对面，微笑着对宝宝说话，宝宝这时会看着爸爸妈妈的脸。爸爸妈妈要慢慢把脸移向一边，让宝宝的眼睛随爸爸妈妈的脸移动，左右来回移动两三次。爸爸妈妈的脸和宝宝的眼睛之间的距离大约在 20 厘米。

【游戏二】

名称：好舒服

目的：增加宝宝与亲人间的情感交流。

方法：爸爸妈妈要经常和宝宝亲切地说话，向他露出微笑，一边说话一边抚摸他的手、脚、指头、手掌、手背、手腕，这就是在和宝宝游戏了，宝宝会很开心。对于刚出生的宝宝来说，只要醒着，爸爸妈妈就要陪在他身边照顾他，和他交流。

【游戏三】

名称：模仿吐舌

目的：促进亲子交流。

方法：将宝宝面对面地抱起，逗引他注视爸爸妈妈的面部，然后轻轻地张开嘴，将舌头慢慢地伸出来，如此反复几次。这时宝宝会静静地注视着爸爸妈妈的动作，甚至动起小嘴，也将舌头伸出来。

【游戏四】

名称：妈妈，抱紧点

目的：刺激触觉发展，培养良好的情绪。

方法：当爸爸妈妈在抱着宝宝的时候，可以适当地给他一点压迫感，两三秒后再放松，这么一紧一松地让他的肌肉也随之收紧和放松。宝宝在爸爸妈妈温暖的怀抱中能够感受到一点点的神秘，爸爸妈妈也会在与宝宝的对视中感觉到宝宝是爸爸妈妈怀里永远的宝贝。这个游戏最能够很好地增进亲子间的感情。

提示：抱紧时要观察宝宝的表情，以宝宝不难受为准。爸爸做时不要太用力，做的时候要让宝宝看到爸爸的脸。

第二章

1～3个月的宝宝

第一节 1～3个月宝宝的特点

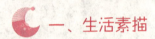

一、生活素描

满月后的宝宝，除哺乳的规律性逐渐建立外，昼夜规律也开始逐渐显现：宝宝晚上睡眠时间可延长到 4～5 小时，白天觉醒时间也逐渐延长。

到 3 个月时，宝宝的上肢与颈部肌肉已经开始发育；他在俯卧时不但能抬头，还能用肘将上身胸以上的部位高高支起，并且向四处张望。仰卧时喜欢把两腿高举在空中。3 个月的宝宝还学会了翻身，这些本领让爸爸妈妈高兴不已，宝宝也会非常兴奋，并乐此不疲地练习。

这一时期，宝宝开始协调自己的手和嘴，把拳头伸到嘴边吮吸，用手碰撞悬挂的玩具使它晃动，并经常重复这些动作，这是运动能力的初期循环反应阶段。另外，他还开始玩手了。

宝宝 1 个多月时能看清眼前 15～30 厘米内的物体，并能注视物体。两个月时视线能够集中，喜欢看熟悉的人脸和活动的物体。3 个月时能固定视物，看清大约 75 厘米远的物体，而且注视时间明显延长了，视线能跟随移动的物体而移动。宝宝在两个多月时，颜色知觉有了很大的发展，到了 3 个多月就能辨别彩色与非彩色。2～3 个月时，当宝宝注意的物体从视野中消失时，能用眼睛去寻找，这表明他已有了短期视觉记忆。

在听觉方面，满月后的宝宝能对爸爸妈妈说话做出反应。两个月时，喜欢听爸爸妈妈对他说话，能安静地听轻快柔和的音乐。3 个多月时，宝宝的听力又有了明显发展，在听到悦耳的声音以后，能将头转向声源。

1～3 个月是宝宝的简单发音阶段，宝宝出现了表示积极状态的声音，在

提示与建议

1. 爸爸妈妈在白天要多带宝宝外出活动，晒晒太阳。夜里创造一个良好的睡眠环境，促进宝宝养成白天觉醒、夜里睡眠的好习惯。

2. 可以在宝宝的手里塞一个小物件，鼓励他摸索、观看、啃咬。多次这样的尝试有利于宝宝感知觉和小肌肉的发展。

3. 要多与宝宝"对话"、说唱，这时的宝宝已有初步的应答能力，这是宝宝与爸爸妈妈进行感情交流的最佳时机。常与爸爸妈妈进行对话、应答的宝宝，不仅精力充沛，而且语言和认知能力的发展也会更好。所以，爸爸妈妈要珍惜宝宝的这种能力，给宝宝更多的交流机会。

4. 养育宝宝安全第一。抱宝宝时，要注意支撑其头颈部，且避免剧烈摇晃。将宝宝单独放在婴儿床中时，要将床栏杆拉高，避免掉落。还要注意不要一边抱着宝宝，一边工作或拿取物品，以免发生碰撞或跌落。

舒服、高兴时会发出分化不清的单元音，如 a、o、e 等，宝宝情绪越好，发音越多。

宝宝很容易对人笑，表情愉快，愿意与人交往。当他感到不舒服、饥饿或口渴时，会用愤怒的大哭以至尖叫来表示，会挥动四肢表达他愉快或不愉快。如果他醒着，但又长时间没人管他，他依然会用哭声来召唤。

环境布置建议：

选择黑底白图或白底黑图的黑白轮廓图和基础色调的彩色过渡图张贴到墙面，数量控制在 5 张以内，在宝宝喝完奶或刚睡醒，心情较好时，抱着宝宝到图片前，让宝宝看或拿起宝宝的小手摸一摸。每周更换一次，去掉两张旧的，增加两张新的，以此类推。

黑白轮廓图

彩色过渡图

　　婴儿床的周围要尽量选择图形轮廓清晰、颜色鲜艳、内容丰富的床围，当宝宝转头或呈侧卧位时便可以看到各种漂亮的图案了。这些床头玩具和床围也要定期更换。

　　适合的玩具：

- 宝宝的小手可以握住并能发出响声或用手拨弄的各种摇铃
- 各种造型可爱、质地柔软的腕铃、带铃铛的袜子
- 大的塑料铃铛球
- 即使啃咬也很安全的软积木
- 供宝宝踢蹬与注视的床上健身架

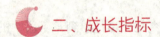 **二、成长指标**

（一）体格发育指标

体格发育参考值

项　目		体重（千克）			身长（厘米）			头围（厘米）		
		−2SD	平均值	+2SD	−2SD	平均值	+2SD	−2SD	平均值	+2SD
1个月	男	3.4	4.5	5.8	50.8	54.7	58.6	34.9	37.3	39.6
	女	3.2	4.2	5.5	49.8	53.7	57.6	34.2	36.5	38.9
2个月	男	4.3	5.6	7.1	54.4	58.4	62.4	36.8	39.1	41.5
	女	3.9	5.1	6.6	53.0	57.1	61.1	35.8	38.3	40.7

（续表）

项　目	体重（千克）			身长（厘米）			头围（厘米）		
	-2SD	平均值	+2SD	-2SD	平均值	+2SD	-2SD	平均值	+2SD
3个月　男	5.0	6.4	8.0	57.3	61.4	65.5	38.1	40.5	42.9
3个月　女	4.5	5.8	7.5	55.6	59.8	64.0	37.1	39.5	42.0

注：本表体重、身长、头围摘自世界卫生组织"2006年儿童体重、身长（高）、头围评价标准"，身长取卧位测量，SD为标准差。

（二）智力发展要点

智力发展要点

领域能力	1个月	2个月	3个月
大运动	仰卧时头可自由转动，俯卧时抬头可达到45度左右；竖抱时，头可以挺立几秒钟至1分钟	俯卧时可抬头90度；可从仰卧位翻身到侧卧位；扶其双腋直立于平面上，有支撑感	俯卧时能用前臂支撑抬头挺胸；竖抱时头能保持平衡；逐渐能从仰卧位翻身到侧卧位或俯卧位
精细动作	手常握拳，有时张开；两手偶尔能握在一起	见物后会舞动双手；两手能接触在一起；抓物后会送入口中	见物有意伸手接近物体且能准确抓握，如够取悬吊的玩具
语言	能转头寻找声源；有表情反应	易被逗笑且笑出声；发音逐渐增多，近3个月时能发出一些元音	开始咿呀学语，可发b、p、d、n、g和k等辅音及da-da、ba-ba、na-na、ma-ma等重复音节，偶尔出现像叫妈妈的"ma-ma"声
感知	能注视红球并随之转移视线；可以注视手中的物品，并跟随物品上下缓慢移动视线	可以一下注意到面前的玩具，并且可以灵敏地追随；眼睛可以跟随红球移动180度	可调节视焦距看远或近的物体；可分辨红、绿、蓝三种纯正的颜色；能自如地转头寻找声源

（续表）

领域能力	1个月	2个月	3个月
社交情感	清醒时与父母对视超过3秒钟以上，逗引时会微笑	产生快乐、恐惧、愤怒；对各种刺激都微笑，尤其人声、人脸	兴趣高昂，喜欢所有人、所有声音，能对不愉快的刺激转开脸，同伴出现能引起注意

第二节 1～3个月宝宝养育指南

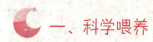

一、科学喂养

宝宝在婴儿期（0～3岁）若能摄取充足的营养，将受益终身。尤其在宝宝出生后第1年的营养摄取，更决定了宝宝身体的健康水准和智能上最充分发展的可能性。

4个月之前的宝宝，由吮吸母乳或喂食配方奶获得生长发育所需的营养素。

（一）营养需求

❶ 维生素D是骨骼中不可缺少的营养素

缺少维生素D的宝宝，骨骼发育会受到影响，容易患佝偻病。维生素D的主要来源是太阳光。资料表明，如果暴露着晒太阳，每1平方厘米皮肤在半小时内可产生20个国际单位的维生素D。天然食物中维生素D的含量并不多——母乳中含维生素D为4～100单位／升，牛乳中含有3～40单位／升，蔬菜和水果中含量极少，不能满足宝宝生长发育的需要。冬、春季节，日照时间短，此时出生的宝宝难以接受充足的紫外线照射，不能使体内合成足够的维生素D，易患佝偻病。早产儿、多胎儿、奶粉喂养儿，可以在出生两周后补充维生素D，母乳喂养儿可在出生1个月后补充。此阶段每日需求量为400国际单位，在医生指导下服用比较安全。

❷ DHA 和 AA 是宝宝脑发育必需的营养物质

DHA（又称脑黄金）和 AA（又称花生四烯酸）是宝宝大脑生长发育必需的营养物质，也是构成神经细胞膜并且在神经细胞膜中发挥重要作用的结构性脂肪。母乳中本身就含有这两种营养素，不需要额外补充。人工喂养的宝宝最好选择含有 DHA 和 AA 的配方奶粉哺喂。如果奶粉中没有，则需要额外补充 DHA 和 AA 制剂，以满足婴幼儿大脑发育的需要。

💡 提示与建议

1. 带宝宝晒太阳要选择光照适宜的时间，如上午十点左右，夏天的时候在树荫下，把宝宝手、脸的皮肤露出来接受一下日光浴。隔玻璃、穿着厚衣服、尘雾太浓，均起不到日光浴的作用。每天日光浴加上其他户外活动的时间至少要在 1.5 ～ 2 小时，才能达到预防佝偻病的效果。

2. 人工喂养儿如果使用配制好的婴儿配方奶粉（生产商已经在其中添加了适龄宝宝所需的营养素），宝宝所需的全部维生素就都能够得到满足，向医生咨询时，可将这些喂养信息告知医生，请医生指导是否需要补充何种营养物质。

（二）喂养技巧

❶ 宝宝吃奶时间巧安排

宝宝满月后，最好能够规律宝宝吃奶的时间。一般间隔 3 ～ 4 小时，每天喂 5 ～ 6 次，并且在大致相同的时间里喂。

在此时期，每次哺乳量为 120 ～ 160 毫升，一次要花费 15 ～ 20 分钟。如果宝宝吮吸半小时以上不松口，或才吃完奶不到 1 小时又闹着要吃奶的话，应该怀疑是否是母乳不足。如果母乳不足，可以采用混合喂养的方式，但是在早上、中午、睡觉前以及夜间最好是让宝宝喝母乳。采用混合喂养的宝宝，还有那些不喜欢喝牛奶、奶粉的宝宝，不要用硬灌的方法让其把奶瓶里的奶喝光。可以在宝宝十分饥饿的时候先喂奶粉，这样宝宝就会慢慢接受奶粉了。混合喂养和人工喂养的宝宝可以喂菜汤和少许与温开水 1 : 1 的比例稀释过的鲜榨果汁（或市场上出售的 100% 纯天然果汁饮料，须不含防腐剂，不添加其他原料，兑水比例为 1：5），品种和量可以适当增加，以满足宝宝对维生素和矿物质的需要，一般每日 2 次，在两次哺乳间喂。

从出生到 1 周岁，宝宝的脑发育是很快的，几乎每月平均增长 1000 毫升。在头 6 个月内，平均每分钟增加约 20 万个脑细胞，也就是说出生后 3 个月是脑细胞生长的第二高峰。为了宝宝的聪明，每位哺乳的妈妈一定要注意营养，以提高母乳的质量。

大多数母乳喂养的宝宝，一过两个月，会因为讨厌奶嘴而不愿意用奶瓶。但如果妈妈休完产假去上班，就不能准时亲自给宝宝喂母乳了，只能通过奶瓶来喂。为了应对这种情况，妈妈可以在两个月时，训练宝宝每天吮吸两三次奶嘴。把温开水或者果汁装在奶瓶里让宝宝喝，培养宝宝对奶嘴的感觉。奶嘴最好选择和妈妈的乳头形状相似的，一般为硅胶质地。3 个月以下的宝宝应该选择奶嘴开口为圆形的，十字形和 Y 形孔适合于 3 个月以上的宝宝。

❷ 按需哺乳

1～3 个月的婴儿，基本可以一次完成吃奶，吃奶间隔时间也延长了，一般 2.5～3 小时 1 次，一天八九次。但并不是所有的宝宝都这样，两个小时吃一次也是正常的，4 个小时不吃奶也不是异常的，1 天吃 5 次或 1 天吃 10 次，也不能认为是不正常。但如果一天吃奶次数少于 5 次，或大于 10 次，就要向医生询问或请医生判断是否是异常情况。晚上还要吃 4 次奶也不能认为是闹夜，可以试着后半夜停一次奶，如果不行，就每天把间隔时间向后延长，从几分钟到几小时，不要急于求成，要有耐心。

❸ 补充水分

纯母乳喂养的宝宝，在 4 个月以前，一般是不需要另外喂水的；人工喂养的宝宝则需要在两次哺乳之间喂一次水。因为牛奶中的矿物质含量较多，宝宝不能完全吸收，多余的矿物质必须通过肾脏排出体外。此时，宝宝的肾功能尚未发育完全，没有足够的水分就无法顺利排出多余的物质。因此，人工喂养的宝宝必须保证充足的水分供应。

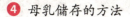

母乳喂养的妈妈上班后，可于上班时将挤好的乳汁放于冰箱冷冻，并于当天晚上或第二天早上交给看护者，如此，妈妈避免了奶胀的痛苦，宝宝也会有足够的口粮。

挤出来的母乳要用干净的容器，如消毒的奶瓶、完好的玻璃瓶、硬塑料瓶或特制的塑料袋来保存。每个容器盛母乳的量尽量为一次喂奶的量，这样方便照顾者根据宝宝的食量喂食且不浪费，并在每个容器上贴上有日期的标签，每次先用储存最早的母乳。不要装得太满或把盖子盖得很紧，挤出空气并留有1寸的空隙，以防冷冻结冰而胀破容器。

奶的储存方式参考

冰箱温度	刚挤出来的奶水	在冷藏室解冻的奶水	以温水解冻的奶水
室温25℃以下	6～8小时	2～4小时	当餐使用
冷藏室（0～4℃）	5～8天	24小时	4小时
独立的冷冻室	3个月	不可再冷冻	不可再冷冻
–20℃以下冷冻室	6～12个月	不可再冷冻	不可再冷冻

乳汁应避免采用微波炉或直接在炉上加热解冻，应采用隔水加热法解冻。

（三）宝宝餐桌

从第二个月后期开始，不仅混合喂养或人工喂养的宝宝开始添加其他流汁，母乳喂养者也应当适量添加，如蔬菜汤和新鲜果汁。目的不是为增加营养，而是为了及早刺激胃中各种酶系统的发育与成长，为以后的辅食添加做些准备。原则是：先菜汁再果汁，先淡后浓。初期以点滴的方式滴入宝宝的口中，一般每天2次，在两次喂奶之间喂入，每次几滴即可。

💡 提示与建议

1. 如何给宝宝选奶粉。婴幼儿奶粉与普通奶粉不同，它针对不同月龄的宝宝成长需求，调整蛋白质、脂肪及乳糖的比例，添加多种营养物质。只有购买适合的婴幼儿奶粉，才能达到最好的营养效果。

目前，婴幼儿奶粉的产品包装上一般都会标注适合的儿童年龄段，选购时，一定要根据宝宝的生长阶段来挑选。要注意生产厂家信息是否齐全，看清楚执行标准、主要原料、营养成分表、生产日期、保存期限、调配说明等。外包装印刷的图案和文字应清晰。罐装奶粉的密封性能较好。挑选袋装奶粉时，要挤压一下包装，看是否漏气，漏气或袋内根本没气的，不要选购。奶粉应该为色泽均匀、带有奶香味的干燥粉末状固体，结块的可能已经变质。

2. 维生素A缺乏引发的呛奶。注意维生素A缺乏引发的呛奶。宝宝进入第三个月后，若出现奶水从鼻子或嘴巴里呛出来的状况，就需要留心了，这可与前两个月的溢奶、吐奶不一样。

研究资料表明，维生素A缺乏的早期症状之一就是宝宝呛奶。维生素A对维持皮肤黏膜上皮细胞组织的正常结构和健康具有重要作用。如果宝宝缺乏维生素A，位于喉头部位的会咽上皮细胞会萎缩角化，导致吞咽时因会咽不能充分闭合盖住气管而发生呛奶。一般补充维生素A后，这种现象就会减少。

菜汤和鲜果汁的制作

菜汤：将新鲜的深色蔬菜洗净切碎，以一碗菜加一碗水的比例，将水煮沸后再放菜，待煮沸后立即离火，焖15分钟去盖，然后用锅铲压菜，倒出菜水即可。芹菜汁对便秘有效，胡萝卜汁对腹泻有效。若煮胡萝卜汁，加热时间可稍长。

鲜果汁：选用新鲜橘子、橙子或西红柿、西瓜等多汁水果，洗净去皮后放在消过毒的杯子里捣碎，用匙挤压出果汁，倒出后，加少量温开水（必要时加糖少许）即可。若用榨汁器，要把榨汁器用开水或消毒柜进行消毒。由于水果喷洒农药，所以榨汁前应削掉果皮。榨出的果汁不能直接装到奶瓶中，要先过滤，以免果肉堵塞奶嘴的孔。

二、生活护理

（一）吃喝

❶ 选用玻璃材质奶瓶

PC 材质奶瓶虽然较轻，但内含双酚 A 会压抑男性激素，可能造成男孩性征不明显或是性别错乱的状况，也可能导致青春期早熟、肥胖、糖尿病、学习及记忆受损，甚至癌症等问题，不能忽视。

玻璃材质奶瓶虽较重，较容易损坏，但耐高温。为了避免经过高温消毒，释放出双酚 A 的问题，1 岁以内的宝宝最好采用玻璃奶瓶喂食，等满周岁后再采用 PA、PP、PC、PES 等材质的奶瓶比较安全。

❷ 给宝宝创造安静吃奶的环境

这个阶段很多妈妈都有同样的困惑："我家宝宝突然变得不认真吃奶了，以前会咕咚咕咚一口气吃饱、睡着，怎么现在不好好吃奶呢？有点声音就东张西望，给他塞奶头他就是不吃，该怎么办呀？"其实，2～3 个月的宝宝听力更加敏锐，好奇心开始增强了，也开始顽皮了。他会在吃奶和与妈妈亲密接触时，趁机和妈妈逗逗乐，吃得半饱时会停住嘴巴，顺手摸摸、抓抓妈妈的乳房，听到一点动静就会多管闲事地去观望，有时调皮后还会坏坏地盯着妈妈，一副"看您能把我怎样"的表情。

根据宝宝这个时候的特点，妈妈就要事先清场，给宝宝一个安静、认真吃奶的环境，避免他分散注意力；再者，请爸爸妈妈们一定相信宝宝的能力，他自己知道要吃多少才是饱，他才不会亏待自己呢。如果宝宝因为贪玩少吃几口，也没有关系。常言道"要想小儿安，三分饥和寒"。

（二）拉撒

❶ 记录宝宝的排尿次数

满月后的宝宝尿量有所增加，但次数与新生儿时期可能没有多大变化。妈妈仍然要记住宝宝排尿的次数，如果一天排尿不够 6 次的话，可能就是奶量不够。如果通过努力催乳，母乳还是难以满足宝宝的胃口，就得考虑给宝宝加奶粉了。

❷ 大便反映了宝宝的健康情况

大便反映了宝宝的健康和妈妈的饮食情况。如果宝宝大便有泡沫，妈妈要控制甜食的摄入量；如果大便太稀，妈妈就得控制脂肪的摄入，多吃胡萝卜，而且尽量不吃凉性的果蔬，如梨、橙子、苦瓜等；如果宝宝的大便发绿，可能是未吃饱（就是"饥饿便"）或者是小肚子着凉了，需要注意宝宝腹部的保暖。

❸ 掌握宝宝的尿便规律

给宝宝把尿是一门学问。到底该从什么时候开始给宝宝把尿好呢？这是很多年轻爸爸妈妈的困惑。其实，宝宝独立进行大小便是一种相当复杂的行为。宝宝需要感到来自肠道或膀胱的刺激，并能告诉括约肌"要控制住"，然后再排泄。因此，等宝宝在生理和心理上准备好后再开始训练也不晚。但聪明的爸爸妈妈可以尝试摸索自家宝宝的尿便规律，如一般吃奶后半小时左右宝宝会尿一次；有的宝宝小便前会打个激灵；有的宝宝正玩得高兴，大便前会突然安静下来，一动不动，而且眼光会变直。如果能找到宝宝的尿便规律，那就可以提前做些接便的准备，省去些不必要的麻烦。

（三）睡眠

❶ 调整"颠倒睡"的小办法

有些宝宝还不能适应昼夜变化，白天大睡，晚上不睡，会让本来已经很疲劳的新手爸爸妈妈非常苦恼。如果家中有个这样的"小捣乱"，就可以尝试白天多揉揉他的耳朵、手、脚，或者用温湿毛巾多擦拭他的脸叫醒他几次，让他把觉留着夜里睡。

❷ 培养良好的睡眠习惯

宝宝一天天地长大，不仅睡眠时间在逐渐减少，而且开始建立自己的睡眠习惯。好的睡眠习惯是按时睡，按时醒，自动入睡，睡得踏实，这样，宝宝醒来后就会精神饱满、情绪愉快。

睡前可先给宝宝洗个澡，若冬季不便每天洗澡，也必须洗脸、洗手、洗臀部和脚，换好干净衣服和尿布再睡。被褥要清洁、舒适，适合季节特点。

睡衣要柔软宽松，冷暖要适度，以宝宝睡下片刻后手脚温暖无汗为宜。

播放固定的静谧感强的音乐，如节奏舒缓的小夜曲或摇篮曲，音量由大到小，一旦建立条件反射，孩子就能迅速入睡。

白天吃奶后要有一定的活动量，晚上才睡得沉；睡前不要过分逗引宝宝，使他不易入睡。

尊重宝宝的入睡姿势，侧卧、仰卧、俯卧均可，喝奶后右侧睡较佳，入睡一段时间后，可以帮助他变换一下姿势，使他睡得更舒服。

（四）其他

❶ 养成清洁的好习惯

养成清洁的好习惯是宝宝健康成长的基础。

清洁眼睛：每次洗脸时先用宝宝专用毛巾擦洗眼睛，眼睛若有过多分泌物，可用棉球蘸温开水从内眼角向外眼角轻轻擦拭。

清洁耳朵：宝宝的耳垢平常会自然排出，只需在洗澡后用棉花棒擦拭耳孔可见处即可，不可伸入耳道乱挖耳朵，洗澡时注意不要将水滴入耳道内。若耳背有皲裂，可涂些熟食油或1%紫药水。

清洁鼻子：此时宝宝的鼻子分泌物多，较容易因为鼻塞而引起不喝奶、不睡觉的问题，可以使用棉花棒轻擦鼻孔，以温毛巾湿敷。宝宝此时常有打喷嚏的现象，这是自行清除鼻子分泌物的反应，不需太担心。

修剪指甲：可以使用宝宝专用的指甲刀，在宝宝入睡或放松时修剪他的指甲，防止他抓伤自己的脸或"吃手指"时把细菌带入体内。注意检查指甲有无磨损、不整齐的情形，大约两周就要修剪一次，不宜剪得太深。

❷ 户外活动的注意事项

夏季可在户外阴凉处睡眠和活动；冬季可先在室内开窗呼吸新鲜空气，待习惯较冷空气后，再到户外。从每次2～3分钟逐渐增加到0.5～1.5小时以上，每天1～2次。夏天宜在上午10时前、下午4时后，冬季可在上午9时后到下午5时前，宜相对固定时间形成习惯。

提示与建议

1. 宝宝刚入睡时出汗较多，是宝宝的植物神经功能还不够稳定的生理现象，不一定是佝偻病的症状，可轻轻地给他揩干即可。

2. 有些宝宝睡前常常爱"闹觉"——啼哭一阵而后入睡，这是他睡前疲乏不堪的最终表现，不是什么毛病。对此并没有特别的妙方，可试着用他平时习惯的睡眠姿势，轻轻拍拍他。不要抱着宝宝连拍带摇、又走又唱地哄，这样入睡后常常容易惊醒，睡得不踏实。

3. 在宝宝尚未抬头翻身前，尽量避免趴睡姿势，以免窒息。若尊重宝宝的睡眠姿势而采用趴姿时，要记得随时关注宝宝的呼吸是否顺畅。

4. 空气、阳光和水是大自然的恩赐，适当的户外活动和"三浴"（空气浴、日光浴、水浴）锻炼是增强宝宝对外界环境变化的适应能力、增强体质、提高免疫力很好的做法。

5. 使用婴儿车请注意：选择符合安全标准的宝宝车；座椅及安全带需固定；须有安全刹车装置；收放时需注意安全，勿在把手上挂提袋；注意使用年龄及重量；时常检查轮子、固定带及配件；定期清洗或擦洗；检查有无危险锐角或松动物品。

三、保健医生

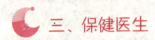

（一）常见疾病

1 婴儿肠绞痛

宝宝若白天的情况还好，总是在夜晚发生哭闹不休、腹胀的现象，可能就是常发于3周至3个月间的婴儿肠绞痛，目前发生原因不明（可能因为疲惫、消化系统不成熟、神经系统不成熟、肠胃敏感、腹胀等），通常不用服药。可试着喂少许奶水、背着走一走、抱着轻摇或顺时针方向按摩腹部及背部，宝宝大一点就自然改善了。

❷ 肥胖症

通常把超过同年龄同身高正常体重的 20% 称为肥胖症。肥胖症大多是单纯性或称生理性的。但过多的脂肪不仅对机体是一个沉重的负担，而且与高血压、糖尿病、动脉粥样硬化、冠心病、肝胆疾病及其他一系列代谢性疾病密切相关。患有肥胖症的孩子常不好动，有自卑感，性情较孤僻。因此，胖胖的、酒窝深陷的小"胖墩"并不是最健康的孩子。肥胖症的发生主要是营养过度，尤其是用人工喂养的宝宝。已经证明，在婴儿期，尤其是从胎儿第 30 周至出生后 1 岁末，是脂肪细胞的增殖活跃期，若此时营养过度可使过多的脂肪细胞一直留在体内，引起难以治愈的肥胖症。因此，肥胖症应注重早期预防，对于有肥胖症家族史的孩子尤其如此。

主要方法是：母乳喂养不少于 4 个月；6 个月前不宜喂固体食物；摄入热量应按照各月龄的需要，能保证正常生长发育即可；1～3 岁期间饮食要有规律，不要用哺喂的方法制止非饥饿性哭闹；及早锻炼身体、多活动。

❸ 佝偻病

佝偻病多在 3 个月左右开始发病，冬季出生的宝宝、早产儿、低出生体重儿（< 2500 克）、人工喂养儿或曾患腹泻的孩子，更应注意防治。

佝偻病的表现：早期表现主要是好哭、睡眠不安、多汗、夜惊，多汗一般与室温、季节无关；由于多汗刺激，经常摇头擦枕，致使枕后秃发。若不及时治疗，就会出现骨骼及肌肉病变，如 3～6 个月时颅骨软化形成"乒乓头"(用手指轻压头顶两侧颅骨；受压处可暂时内陷，手指放松时又弹回，似压乒乓球的感觉);6 个月开始出现鸡胸或漏斗胸等改变;8～9 个月后出现方颅；囟门闭合延迟，出牙晚，"O""X"形腿；重度佝偻病患儿，可出现全身肌肉松弛，记忆力和理解力差、说话迟等情况。

佝偻病的防治：在医生指导下坚持口服鱼肝油补充维生素 D。此外，每天户外活动及日光浴 1.5 小时以上，若发现宝宝睡眠不安，明显多汗，应及时去医院诊治。

❹ 婴儿湿疹

婴儿湿疹是3个月内宝宝的多发疾病,属于过敏或接触性皮炎。脸上出现干燥鳞状的红斑,接着蔓延至躯干及四肢,皮肤出现痒、脱皮、渗液的现象。照顾上须注意:剪短指甲以防搔抓感染;减少洗澡次数,洗完澡后拍干皮肤并润滑保温;保持环境中适当的温度及湿度;穿着宽松透气的衣物,避免毛料、化纤衣料;避免过敏食物;严重时需就医治疗。

(二)健康检查

本阶段无特殊的专业检查项目,但爸爸妈妈要随时关注宝宝的体重与身长的变化情况。

(三)免疫接种

时 间	疫 苗	可预防的传染病	注意事项
1个月	乙型肝炎(第2针)	乙型病毒性肝炎	当天不要洗澡,不要着凉,不要过度劳累
2个月	口服脊髓灰质炎糖丸(第1次)	小儿麻痹	服时将糖丸放小勺内加少许冷开水浸泡片刻,再将糖丸碾碎。然后直接用小勺喂服。不要用母乳喂服,服后1小时内禁喂温开水
3个月	口服脊髓灰质炎糖丸(第2次),与第1次间隔6~8周	小儿麻痹	
	百白破疫苗(第1次)	百日咳、白喉、破伤风	多喝水,注意休息

提示与建议

　　宝宝的皮肤及大小便的排泄状况，是代表他健康状况的重要参考，平常要注意观察，可以早点发现宝宝的问题并提供讯息给医生参考。

　　1.宝宝头前中央可以摸到菱形平软的部分（称为前囟门），须随时注意观察，若有凹陷或突出则可能有健康问题。

　　2.前额皮肤及头部有时会出现灰黄色的疹子，俗称"囟屎"，不可以用力抠除，在洗头前30分钟可用婴儿油轻搓，多洗几次就可以改善。

　　3.若脸颊或关节处出现红色、粗糙的表面，这是异位性皮肤炎，须注意皮肤的清洁及保湿，严重时需就医处理。

　　4.若发现眼珠有白色或黄色等反光，眼睛怕光、流泪或一直眨眼的现象，则需就医。眼睛若出现较多分泌物，可用纱布沾生理盐水轻擦，轻轻按摩内眼角可以改善。

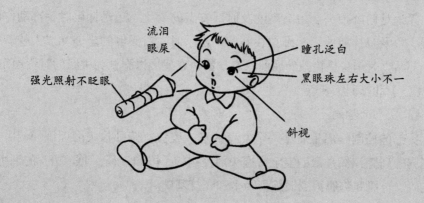

流泪
眼屎
强光照射不眨眼
瞳孔泛白
黑眼珠左右大小不一
斜视

第三节　促进1～3个月宝宝发展

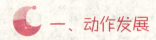 一、动作发展

（一）动作发展状况

从定位到对称是3个月以内宝宝动作发展的重点。

❶ 头部的定位动作

新生儿出生后，通过头部的运动去寻找位点，最终确定头部的位置，运动的发展是从抬头开始的，确定头部的位置是抬头的前提。

❷ 以脊柱为中线的对称动作

无论是俯卧抬头、抬头高度及肘部支点的变化，还是仰卧时手部动作的发展，以及身体屈曲、头奋拉在胸前、松手时左右倾倒的坐姿和成人扶着他的腰部站立时全身呈松弛的屈曲状态，都是在发展以脊柱为中线的对称动作。

（二）动作训练要点

❶ 头部的控制

头部的控制是出生后第一个发育的基本姿势，俯卧抬头的训练和俯卧抬头挺胸的训练，都是帮助宝宝掌握头部控制的手段和过程，通过抬头的训练，使颈肌、背肌和胸肌得到锻炼，为坐和爬打基础。

❷ 翻身练习

翻身是以脊柱为中线的躯干的对称动作，动作发展遵循着由近及远的规律，越接近躯干的部位，动作发展越早，翻身练习可以使躯干部肌肉得到锻炼。

（三）健身活动

【游戏一】

名称：趴着玩

目的：发展头部和颈部的肌肉力量，为"坐"和"爬"做准备。

方法：宝宝空腹时，妈妈把宝宝抱在自己胸腹前（与自己面对面），然后慢慢地斜躺或平躺在床上，这时宝宝便自然而然地俯卧在妈妈的腹部。妈妈要注意扶宝宝的头慢慢转向中线，两手放在宝宝头的两侧，逗引宝宝能短时间抬头，宝宝边练习妈妈边说"宝宝，抬抬头"或者呼唤宝宝的乳名等，这样反复练习几次后让宝宝休息。休息时妈妈用手轻轻抚摸宝宝背部，使宝宝放松背部肌肉，感受舒适、愉快和妈妈的爱抚。

经过锻炼，宝宝两三个月大时，一般能够抬头45度到90度了。当宝宝能用手肘撑着身体抬起胸部时，就可以拿一些有趣的小东西在他的正前方逗引他，让他经常有机会撑起上身，而且时间越来越长。

【游戏二】

名称：被动翻身

目的：锻炼头、颈、躯体及四肢肌肉的协调平衡能力，为下一步爬、坐、站、走打基础。

方法：妈妈让宝宝先仰卧，将宝宝的一只手放在胸部，另一只手做上举状；妈妈一只手扶住宝宝放在胸部的小手，另一只手放于他的背部，帮助宝宝从仰卧转为侧卧，再转为俯卧。将胸部的小手向前，让宝宝两臂屈肘，手心向下，两臂距离稍比肩宽，支撑身体，用玩具逗宝宝抬头。在宝宝俯卧时，妈妈可在他的背部脊柱两侧从上至下轻轻地抚摸，能锻炼宝宝颈部及背部的肌肉力量。

【游戏三】

名称：被动健身操

适合月龄：1～6个月的宝宝

目的：锻炼全身肌肉力量，帮助宝宝增强运动能力。

注意事项：

（1）请爸爸妈妈每天在宝宝进餐后 1 小时左右为宝宝做被动操练习。

（2）操作时要摘掉手表、戒指等饰物。

（3）做操时，动作要轻柔、有节律，不能用力过大，以免损伤宝宝的骨骼、肌肉和韧带。

（4）不要在宝宝情绪不好时做，在做操过程中，如果宝宝出现不适或哭闹，要立即停止，另选时间继续。每次做的量可多可少，不需要非常严格地按照流程完整做完一套。每日 1 ～ 2 次。

方法：

第一节　两臂胸前交叉

预备：仰卧，成人握宝宝手腕、宝宝握成人拇指。

动作：

　　1. 两臂左右分开平展

　　2. 两臂胸前交叉

　　（重复两个 8 拍）

第二节　上肢伸屈运动

预备：同第一节。

动作：

　　1. 左臂肘关节屈曲

　　2. 伸直还原

　　（左右臂轮流做，重复两个 8 拍）

第三节　下肢伸屈运动

预备：仰卧，两腿伸直、成人两手握住宝宝踝部。

动作：

　　1.左膝关节屈曲，膝缩近腹部

　　2.伸直还原

　　（两腿轮流做，重复两个8拍）

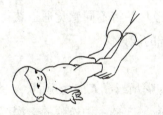 

第四节　两腿伸直上举。

预备：仰卧，两腿伸直、成人两手握住宝宝膝部。

动作：

　　1.两腿伸直上举与腹部成直角（臀部不离开床面）

　　2.还原（重复两个8拍）

二、智力发展

（一）智力发展状况

❶ 动作与感觉开始协调

认知的过程是通过眼、耳、鼻、舌、身等感觉器官搜集信息，这些信息经由中枢神经系统变为知觉，即感知，再进一步将感知觉整合，变为认知。所以，认知能力与手和手指的运动、手眼协调、手口协调密切相关。满月后的宝宝，不只是反射动作，同时表现出动作与感觉的协调，视觉、听觉、触觉都可以与动作配合，宝宝开始了主动寻找环境中的刺激，最明显的行为就是吃手。

❷ 多通道知觉的发展

此时期，宝宝视、听知觉发展迅速，宝宝不仅能对声音、光亮的刺激会做出闭眼睛及寻找的反应，同时对声音的音色与音调有了辨识的能力，如能够分辨出妈妈的声音。这表明，宝宝已经具备将不同感觉通道获得的信息结合起来知觉的能力，这是一种多通道知觉的能力。

❸ "轮流说话"的开始

宝宝两个月左右，啼哭减少。当吃饱喝足或成人向他说话、点头微笑时，他便发出表示舒服的柔和的"喔、哦"声。这是一种松弛的、深沉的、分化不清的单元音。刚开始，宝宝对自己的声音感到好奇，由于成人的模仿，会加速这个阶段的发展。有人认为这种声音是"轮流说话的开始"，其实这仍然是一种自然的基本反射行为。

（二）智力开发要点

❶ 提供感官刺激

提供视、听、嗅、味、触等各种感官刺激让宝宝感知，丰富其感觉经验和感知记忆，鼓励宝宝的主动探索行为。

❷ 提高宝宝对发音的兴趣

多与宝宝主动交流，经常对宝宝说话、唱歌，这样可以提高宝宝发音的兴趣和模仿成人的口形发音的能力，使宝宝很快学会发音，加速此阶段语言发展的进程。

（三）益智游戏

❶ 手眼协调

宝宝的智慧在他的手指上，手不仅是感觉器官、运动器官，而且是智能器官。正所谓"心灵手巧"。因此，家长应重视对宝宝手功能的开发。

在大动作发展的同时，宝宝的精细动作也开始慢慢地发展起来了。为了促进精细动作的发展，爸爸妈妈有必要从宝宝出生开始就对其操作器官——手的发展，做一些训练准备工作。

【游戏一】

名称：触碰物品

目的：发展触觉和手的技能。

工具：布娃娃、摇铃、小积木、小瓶盖、塑料小球、红环、小海绵、绒布条等。

方法一：分别把不同质地的玩具放在宝宝的手中保留一会儿。如果宝宝还不会抓握，可轻轻地从指根到指尖抚摸他的手背，这时他的握持反射就会中断，紧握的手就会自然张开。此时可把玩具塞到他的两只手里，并握住宝宝抓握玩具的手，帮助他抓握。

方法二：把食指放在宝宝的手心里让他抓握，并轻轻摇动他的手向他"问好"，引起他的愉快情绪。待宝宝会抓后，再把手指从宝宝的手心移到手掌边缘，看他能否抓握。

【游戏二】

名称：被动触摸击打

目的：获得最初的物体体验和运动经验。

方法一：将宝宝面朝外抱着，接近宝宝正在注视的玩具或物体，扶着宝宝的小手慢慢地触摸眼前的玩具或物体，边触摸边解释物体名称，如"小熊、小熊""门、门、门"。让宝宝通过视觉、触觉、听觉、运动的方式建立对物体的最初认识。

方法二：把宝宝竖直抱起，将其手放在成人的臂上，帮助其触摸，在触摸的过程中做抓握动作（抓握反射）。

方法三：帮助触摸成人面部。面对面抱着宝宝，边和他逗乐边拉着他的小手放在自己的脸上、鼻子上、嘴唇、下颌等，让他触摸，并且边摸边说"脸、鼻子、嘴唇"等，这样不仅可以获得触觉体验，还能增强亲子关系。

方法四：抱着宝宝到一些悬挂物（如彩色气球、悬挂绒毛小动物）面前，拉住宝宝的一只小手，轻轻击打悬挂物，让其产生运动，一边击打一边说"拍一拍，拍一拍"。记住动作要轻，不要在第一次接触玩具时就用力击打，这样带来物体状态的突然变化，可能会吓到宝宝，影响日后探索的主动性。

❷ 感知探索

【游戏一】

名称：视觉追踪

目的：发展视觉与注意力，培养愉快情绪。

方法一：爸爸或妈妈拿一个带响声的、颜色鲜艳的摇铃或哗铃棒，在离宝宝眼睛上方约20厘米处摇响，以引起宝宝的注意，当确认宝宝已经看到后，边摇响摇铃，边水平移动，确定宝宝的视线一直在跟踪着摇铃移动。每天3次，每次2分钟。

方法二：爸爸或妈妈拿一个直径约10厘米的红毛线球或红气球，在离宝宝眼睛上方约20厘米处震颤着使宝宝注意到，当确认宝宝已经看到后，边震颤边水平移动，使宝宝的视线跟踪红毛线球或红气球移动。每天3次，每次两分钟。

方法三：在宝宝觉醒时，在确定宝宝看到你的情况下，爸爸或妈妈在宝宝的小床周围缓慢走动，如果宝宝不看你了，叫一叫宝宝的名字，以引起宝宝的注意，边走边说："宝宝看着妈妈，妈妈在这儿呢！宝宝真棒，一直在看妈妈呢，是吧？"每次训练5分钟左右，每天训练3～5次。

注意：摇铃不要摇得太响，以免惊吓到孩子。

【游戏二】

名称：有线"遥控"

目的：建立主客体及因果关系的最初经验。激发好奇心、促进自我意识的觉醒和主动性探索的愿望。

方法：将绳子一端系在能响的玩具上，另一端套在宝宝踝部或手腕上。将玩具吊在宝宝眼前20厘米处，使宝宝腿或手动时，眼前的玩具被带动并发声，能反复进行。使宝宝本能地体会到，自己的动作可以带来环境的某种变化。每天3次，每次3分钟。

注意：宝宝玩时，成人一定要在场。成人离开时，要将套在宝宝手脚上的绳子取下来，防止缠住手指或脚趾。

❸ 语言

【游戏一】

名称：亲子交谈

目的：练习发音，加强亲子交流。

方法：无论做什么都不停地跟宝宝说话，表示亲昵。当宝宝自己发音时，成人要在旁边及时应答，拉长元音，一对一答，模仿宝宝发音。在宝宝情绪愉快时，运用各种方法逗引宝宝发音，与他"交谈"。抱起宝宝，与宝宝面对面，用愉快的口气和表情与他说笑、逗乐，使宝宝发出"呃、啊"声或笑声。也可以用宝宝喜爱的玩具、图片逗引他发音，一旦他兴奋得手舞足蹈时，就会发出"咿、啊"之声。

【游戏二】

名称：有声世界

目的：促进语言能力的发展。

方法一：在宝宝清醒时，以他躺着的地方为中心，想象一个1米左右半径的圆，然后绕着假想圆，走一步叫一声小宝宝的名字，一共走8个方位。这时，宝宝的头会随着声音慢慢转动，寻找声音的来源，不久他就会认得爸爸妈妈的声音，听得懂自己的名字，也能找出声源的位置了。

方法二：爸爸妈妈在家中一边进进出出地做事，一边对宝宝说话、发出各种有趣的声音或唱儿歌，宝宝会努力去追寻声音的来源，尽管有时候还没等他转过头去，爸爸妈妈的位置已经变了，但正是这种声音远近高低的不同，才会使得宝宝的耳朵变得更加灵敏。

提示：声音不必太大，跟平常交谈时的音量差不多就可以了。

三、社会情感发展

（一）社会情感发展状况

❶ 社会性微笑

从生命最初，情绪就开始伴随着我们。宝宝在大约两个月时，看到一个人的脸，就会微笑。3个月时对成人的逗引会报以甜蜜的微笑，这就是最早的社会性微笑，也是宝宝与人交流，得到亲人喜爱的一种手段。

❷ 对亲人的偏爱

经过出生以来近3个月接触人面孔的经验，宝宝形成了开始模糊而后清晰的面孔表象。随着对面孔辨认细致程度的增强，伴随对成人语音、气味、环境等熟悉程度的增加，宝宝对经常接近他的成人显示出偏爱，并在不同人之间有所选择。

（二）社会情感培养要点

❶ 强化宝宝的微笑

要经常逗引宝宝笑，对他的笑给予应答和鼓励，使他保持愉快的情绪，并且使这种交流手段得到强化。

❷ 学认爸爸妈妈，培养亲子情感

到了3个月，宝宝已经有了偏爱。妈妈抱着不哭，特别晚上，别人抱了就哭。对妈妈笑得多。这时要让他看着爸爸妈妈，并且说"这是爸爸妈妈"，以增强宝宝的辨认能力，培养亲子情感，传递爸爸妈妈和宝宝之间真挚的爱。

（三）社会情感发展游戏

【游戏一】

名称：亲子对视

目的：促进亲子交流。

方法：宝宝最喜欢的是温柔的声音和笑脸。当妈妈轻轻地呼唤宝宝的乳名时，他就会转过脸来看着妈妈。因为还在子宫里，宝宝就听惯了妈妈的声音。出生第一天，当他觉醒时（一般在两次喂奶的中间），他就会紧盯着妈妈的脸，特别是眼睛。当妈妈在他的面前（20厘米左右）轻轻移动面部时，他会用眼睛追视妈妈的脸。

【游戏二】

名称：咯吱咯吱

目的：逗引笑出声音，培养愉快情绪，强化触觉神经的发育。

方法：

（1）让宝宝舒服地躺在棉被上。

（2）成人一边给宝宝换尿布或衣服，一边用食指、中指或其他手指来轻轻地触摸或胳肢小宝宝的身体部位，宝宝会笑着回应。

（3）在胳肢宝宝前，可以大声地从1数到3，这样效果会更好，可以让小宝宝熟悉这些数字并在相似情境下做出反应。

提示：可以在给宝宝换尿布或换衣服时做这个游戏。宝宝熟悉游戏后，会对胳肢有所期待，当还未碰到时，他就会提前笑起来。

【游戏三】

名称：变脸明星

目的：促进视觉能力的发展，开发社会交往能力。

方法：

（1）在宝宝比较机敏并善于接受事物的时候，爸爸把宝宝抱在怀里，让他站在自己的膝盖上，也可以把宝宝放在桌上或地板上柔软的毯子上。

（2）宝宝看爸爸妈妈的时候，爸爸妈妈也要盯着宝宝的眼睛，轻轻地叫宝宝的名字。让宝宝了解不同的面部表情：微笑、张嘴、抬眉、伸舌头、眨眼、晃脑袋等，这些都是宝宝百看不厌的。

第三章

4～6个月的宝宝

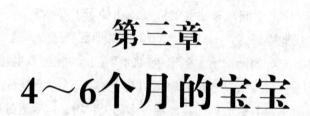

第一节 4~6个月宝宝的特点

一、生活素描

4~6个月的宝宝已经能熟练地翻身了，从仰卧翻为俯卧，再翻为仰卧。俯卧时不但能用双臂支撑抬起前胸，慢慢地还学会原地打转，这为匍行和学爬做了准备。4个月时，成人握住宝宝的双手，只需稍稍用力就可将其拉坐起来。5个月时，宝宝能在有扶手的沙发或小椅子上靠坐着玩，后背部有一点支撑还可以独坐片刻。6个月时，宝宝能熟练地翻身打滚，这使他开心。

到6个月，宝宝的脑重增加到出生时的两倍，视觉注意也从4个月时只能注意一些小东西，发展到5个月时可以视觉追视、注意到较远的物体，手眼动作开始协调。6个月时能够注视周围更多的人和物，以及远处细小的物品。

宝宝的听觉也随之变得复杂起来，他不仅能正确地把头转向声源，还能分辨出不同人的声音。随着宝宝双手协调能力的发展，他的兴趣也从手部动作转移到玩具和物体上来，凡是两手所及、两眼所见的物体，都成了宝宝练习抓拿动作的目标。他会碰击玩具并试图抓住它，还能两手各拿一样东西并学会了传手（把东西从一只手传到另一只手）。他能花上很长的时间拿着积木在两手间颠来倒去，聆听积木碰撞发出的声音。这时，宝宝的记忆力有了很大的提高。

4~6个月的宝宝能笑出声来，同时有了表达愉快或不愉快情感的能力。他开始发出一些 ma-ma、pa-pa 之类的单音，偶尔会发出 b、m 样的辅音，经常会听到他嘴中喃喃作响地练习发类似的元音和辅音。

宝宝开始对别人感兴趣，并模仿成人的一些动作。能够认识镜子中的自己，对着镜子会做出拍打、碰头或亲亲等动作。他对周围的人有了选择性的反应，喜欢接近亲人，开始认生，并有了最初的自卫表现，如一面盯看陌生人，一面扑向亲人怀里。对亲人会露出确定的具有情感交流性质的微笑，开始主动地进行社交活动。

提示与建议

1. 爸爸妈妈可以用双手扶住宝宝的腋下，帮助他进行自主蹦跳的活动。因为5个月左右的宝宝开始萌发自主蹦跳的意愿和活动，这是为站立和行走而做的准备工作，自主蹦跳充分，利于站立和行走行为的发展。

2. 开始进入认生期的宝宝，情绪会随着看护者的变化而变化。此时，正是建立安全依附关系的关键时期，希望爸爸妈妈引起重视。

3. 宝宝翻身、够物，活动能力越来越强，并且喜欢将东西放入口中，所以要注意环境安全。玩具、硬币等直径小于3厘米的物品，不要放在他能接触到的地方；宝宝身上的配件不宜繁复，宝宝床上不摆放大型玩具，加设安全栏；宝宝长牙后，易咬破奶嘴，需随时更换；千万别将宝宝单独留在车内或屋内；宝宝吃东西时需在他身边；宝宝在浴缸时决不可离开他；勿用绳子、缎带或橡皮筋将玩具或奶嘴绑在宝宝床上。

环境布置建议：

4～6个月的宝宝大部分都能自己完成翻身动作了，爸爸妈妈要多创造机会让宝宝练习趴卧、翻身。建议爸爸妈妈为宝宝建一个安全的活动区，地点最好在客厅，一边靠着长沙发或墙，空间大小，与成人双人床大小相当，地面铺宝宝专用地垫，不要太软也不要太硬。选一些与本阶段教育有关的卡片、图书、操作玩具、运动玩具等放在这一空间内，同时要注意摆放的安全性。

适合的玩具：

• 可练习握持的木质小积木

• 宝宝镜

• 布书、音乐不倒翁

• 响铃滚滚球

- 爬行玩具毯
- 磨牙玩具

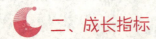 二、成长指标

（一）体格发育指标

体格发育参考值

项目		体重（千克）			身长（厘米）			头围（厘米）		
		−2SD	平均值	+2SD	−2SD	平均值	+2SD	−2SD	平均值	+2SD
4个月	男	5.6	7.0	8.7	59.7	63.9	68.0	39.2	41.6	44.0
	女	5.0	6.4	8.2	57.8	62.1	66.4	38.1	40.6	43.1
5个月	男	6.0	7.5	9.3	61.7	65.9	70.1	40.1	42.6	45.0
	女	5.4	6.9	8.8	59.6	64.0	68.5	38.9	41.5	44.0
6个月	男	6.4	7.9	9.8	63.3	67.6	71.9	40.9	43.3	45.8
	女	5.7	7.3	9.3	61.2	65.7	70.3	39.6	42.2	44.8
出牙	乳牙萌出1～2颗 白色代表已萌出的小牙 灰色代表正在萌出的小牙							6个月		

注：本表体重、身长、头围摘自世界卫生组织"2006年儿童体重、身长（高）、头围评价标准"，身长取卧位测量，SD为标准差。

（二）智力发展要点

智力发展要点

领域能力	4个月	5个月	6个月
大运动	会翻身，能从仰卧翻成侧卧再俯卧；成人扶着宝宝的髋部能坐稳5秒钟以上	成人扶着宝宝的腋下可以站2秒钟以上	在床上能独自坐半分钟以上，扶着宝宝的双臂能站5秒钟以上
精细动作	能主动够取桌面上距手2.5厘米的玩具并握紧	能抓住悬吊的玩具，能先后用两手拿住两个玩具	能将积木从一手传到另一手
语言	逗引宝宝时能发出响亮的笑声，宝宝一个人时会发出咿咿呀呀的声音	能模仿成人发出重复音节	听到"妈妈"朝妈妈看
感知	在距宝宝耳侧水平方向15厘米处摇铃，能转头找到声源	玩具掉落后，立即低头寻找	能用手抓去蒙在脸上的手帕、听到物品的名称后，会用眼睛注视或用手指
社交情感	见到妈妈时伸手要抱，见到陌生人时躲避或者哭	对着镜子里的自己笑	开始认生，能区分严厉与亲切的语言

第二节 4～6个月宝宝养育指南

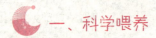 一、科学喂养

（一）营养需求

这个阶段的宝宝，消化酶分泌日益完善，为补充乳类营养成分的不足，满足其生长发育的需要，需要添加辅食了，饮食性状随之发生了变化，此时，可以开始给宝宝添加泥类、粥类、糊类等半流质食物。

约满6个月时，应该扩大淀粉类食物的品种，开始补充含糖类、蛋白质的食物，尤其要补充维生素及矿物质。

❶ 4个月时，对铁的需求增加

宝宝体内储存的铁只能满足4个月内生长发育的需要，为预防缺铁性贫血，不管是喝配方奶或是喂母乳的宝宝，都可以开始添加含铁的食物。蛋黄含铁高，可以从很小的量开始，逐步增加。

喂法：煮熟的蛋黄 1/6 ～ 1/4 个，用米汤或牛奶调成糊状，在傍晚喂奶前用小勺喂，1 ～ 2 周后可逐渐增加到半个，之后再慢慢增加到整个蛋黄。满6个月时，可尝试添加动物血类辅食。

❷ 4个月时，开始补充维生素B族

人工喂养和混合喂养的宝宝第4个月开始补充B族维生素，通常使用喂食米汤的方法，米汤可以促进淀粉酶生成。

喂法：浓米汤加糖少许，于傍晚喂奶前用小勺喂。从半汤匙逐渐增加到 1 ～ 2 汤匙。

❸ 适量补充维生素K

维生素K能促进血液循环及骨骼生长，对宝宝的健康起着至关重要的作用。虽然人体需要的维生素K并不多，但它无法通过人体自由形成，只能从深绿色蔬菜和优酪乳中摄取，所以纯母乳喂养的宝宝要及时添加此类辅食。反复感染疾病的宝宝，长期使用抗生素和磺胺类的药物，不利于人体对维生素K的吸收，因此可遵医嘱每月注射维生素K。

💡 提示与建议

1. 为宝宝制作水果泥，应该在食用前才制作，以免维生素C被氧化而破坏。也可直接将水果用匙刮成泥喂服。

2. 辅食添加应避开致敏食物。常见致敏食物可分为三级，第一级过敏食物：虾、蟹、奶、蛋、花生；第二级致敏食物：杧果、其他海鲜（除第一级和第三级所列者）；第三级过敏食物：蛤仔、鱿鱼、墨鱼、螺、鳕鱼、大豆、小麦及奇异果。若宝宝属于过敏体质，添加辅食时应尽量避开致敏食物。

3. 若给宝宝补充单一矿物质时，最好与膳食同时食入，1天的用量分几次服比1次服的吸收率高；多种矿物质同时补充时，要注意各元素间的相互作用，如不可给宝宝补充过多的钙，否则会因钙与铁、锌三者之间的制约关系，而导致体内铁、锌的流失，最好在医生指导下补充。

（二）喂养技巧

❶ 辅食添加的方法

从第4个月开始，每天给宝宝喂奶或添加辅食共6次，饮食间隔时间为4小时。选择上午两次喂奶之间，宝宝情绪比较好时开始尝试新食物，如果食用后排便异常，或有其他异状，下午被发现时，才有时间处理。可以先吃一点添加食品，再喝奶；适应后再先喝一些奶至半饱再吃添加食品。可先在傍晚一次喂奶后补给淀粉类食物，以后逐渐减少这一次喂奶的量而增加辅食的量，直到完全由辅食代替。6个月后，可用辅食代替1～2次喂奶。

添加辅食要注意观察大便，刚开始宝宝可能将新食物从大便中原样排出，此时不可加量，待大便正常时再增量。开始时，要为宝宝选一个宝宝专用小勺，不要使用不锈钢材质的，因为那种导热很快，而且硬硬的质地宝宝不会喜欢，最理想的小勺是塑料的。

喂食时，要让宝宝舒适地靠坐在成人的腿上，最好能给宝宝准备一套婴儿餐椅，从一开始就培养他在固定地点进食的良好生活习惯。切忌让宝宝躺着吃东西，这样虽然会比较容易让宝宝把食物咽下去，但躺着吃容易呛着；也不要用奶瓶吃米粉，这不仅会使宝宝呛着，而且还不容易控制食量，不小心就会让宝宝吃得太多。

食物讲求原味，不需特别调味，单一种喂食，成人要注意观察宝宝的反应，如果出现呕吐、腹泻、呼吸困难、皮肤过敏等症状，可能是宝宝对这种食物过敏，如果情况严重要及时就医。如果宝宝不喜欢某种食物，不要强迫喂他吃，可以第二天再试，如果还是拒绝，那就干脆过2～3个星期后再试。

若发现宝宝进食速度明显变慢；注意力从吃上转移，开始玩，开始往外吐，用力把勺子推开或拒绝食物，将头转向一边，表示宝宝已经吃饱了。

必须在宝宝身体健康时添加新的辅食。当宝宝患病时，其消化功能会降低，如果添加新的辅食，容易发生恶心、呕吐，甚至腹泻。当然，原来已经适应的辅食还是可以继续吃的。

❷ 辅食添加的原则

由于宝宝胃肠道比较娇弱，接纳新的辅食有一个适应过程，辅食添加需遵守循序渐进的原则，否则容易引起消化功能紊乱。

（1）从少量到多量。比如，蛋黄，可以从1/6个添起，逐步增加到半个、1个。

（2）由稀到稠。食物先从流质到半流质，再到固体食物。比如，先喝稀释的果汁，然后是果泥。

（3）由细到粗。比如，添加肉类，首先喂肉浆、肉泥，逐步过渡到肉末、碎肉。

（4）从一种到多种。比如，鱼肉与豆腐到7个月时都可以添加了，可以先试着喂鱼肉，如果宝宝不吐不泻，也没有过敏，隔3～5天后再喂豆腐。

❸ 母乳仍是主食

有的妈妈因为给宝宝添加了辅食，就总想让宝宝多吃辅食，因此，哪怕自身母乳分泌仍然很好，还要刻意给宝宝减少奶量。这样是不对的，妈妈不需要减少宝宝吃母乳的次数和量。只要宝宝想吃，就给他吃，不要为了给孩子添加辅食而把母乳浪费掉，毕竟母乳才是1岁前宝宝的最佳食品。宝宝只是通过吃蛋黄、肉类、绿叶蔬菜等辅食来补充铁剂和蛋白质；吃新鲜水果、蔬菜是为了补充维生素；吃米面类食品是为了补充碳水化合物、淀粉、氨基酸。

💡 提示与建议

1. 宝宝三四个月时，可能会出现"厌食牛奶"的状况，这是由于宝宝的肠胃活动过于频繁而导致疲劳，在自行调节食物需求量，这种厌奶是暂时的，一般1～2周就会过去，只要宝宝身体无碍，情绪好，爸爸妈妈就无须担心。

2. 食盐的主要成分钠和氯都是人体必需的元素，可起到调节生理功能的作用。6个月前的宝宝，所吃的母乳、配方奶和辅食中都含有一定量的钠、氯成分，并且能够满足宝宝的生理需求。而宝宝的肾脏系统是6个月后才逐渐完善的，此前很难将体内多余的钠和氯等物质排出体外。所以，建议爸爸妈妈在6个月内不要在宝宝辅食中加盐。

（三）宝宝餐桌

经过前阶段的准备，宝宝从第4个月开始，进入整吞整咽期，此时期适宜的食物性状为汁、泥、糊，除蛋黄的逐渐添加外，下面介绍几种适合4～6个月宝宝食用的辅食制作方法，供参考。

娃娃菜泥

原料：娃娃菜半棵，清水适量。

制作方法：把菜洗净并浸泡20分钟后切成块，放入沸水中煮3分钟，晾凉后倒入搅拌机中搅成菜泥，盛出食用。

说明：娃娃菜富含维生素和矿物质，如维生素 B_1、维生素 B_2、维生素C、维生素 B_6、胡萝卜素、钙、磷、铁等营养成分，有清热除烦、解渴利尿、通利肠胃的功效。

菠菜蛋黄泥

原料：1个蛋黄，菠菜、清水适量。

制作方法：将洗净并用开水焯熟的菠菜，放入搅拌机中搅拌成泥，把煮熟的1个蛋黄碾碎放到菠菜泥里。

说明：此种组合是维生素、矿物质和卵磷脂的极佳来源。菠菜含草酸较多，有碍机体对钙的吸收，故制作时宜先用沸水烫软。蛋黄里的卵磷脂可以合成重要的神经递质——乙酰胆碱，另外蛋黄对补充核黄素非常重要。所以，宝宝的第一种荤类辅食，往往就是鸡蛋黄。

牛奶南瓜糊

原料：南瓜，母乳或配方奶粉勾兑的奶水。

制作方法：将去皮去瓤的南瓜块放入锅中煮熟，捞出后用小勺碾成泥，加入温热的奶水拌匀。

说明：南瓜含淀粉、维生素B、维生素C、胡萝卜素及钙等丰富的营养成分。将南瓜压成泥状与奶水混合之后，不仅颜色好看、味道香，营养更是丰富。由于南瓜泥的口感软、微甜，对于咀嚼能力还不是很好的宝宝来说，非常适合食用。

山药奶糊

原料：山药，母乳或配方奶粉勾兑的奶水。

制作方法：将山药削皮、切片后用蒸锅蒸15分钟使之变软，用勺子边碾成泥边添加母乳或冲兑的奶水，调成稠稠的泥状。

说明：山药富含碳水化合物——这是大脑的唯一能量来源，以及维生素 B_1、B_2、C及钙、铁、磷等矿物质，山药还能供给人体所需的大量黏液蛋白，对人体有特殊的保健作用。山药还具有健脾胃、益肾气及增加免疫力的功能，尤其适合肠胃消化功能不佳的宝宝。

提示与建议

　　家庭自制的宝宝辅食要根据宝宝生长发育不同阶段的消化功能及营养需求来设计。制作时可参考下表。

宝宝辅食食材适龄表

月　龄	2～3个月	4～6个月	7～9个月	10～12个月	1～2岁
阶段 食材	准备期 吞咽期	初期 吞咽期	中期 舌碾期	后期 咀嚼期	成熟期 咀嚼期
青菜水	○	○	○	○	○
果汁水	○	○	○	○	○
米糊	×	○	○	○	○
蛋黄	△	○	○	○	○
果泥	×	○	○	○	○
菜泥	×	○	○	○	○
鱼泥	×	△	○	○	○
肝泥	×	△	○	○	○
全蛋	×	×	△	△	○
软面条	×	△	○	○	○
粥	×	△	○	○	○
碎菜	×	×	×	○	○
肉末	×	×	×	○	○
豆制品	×	×	△	○	○
海鲜类	×	×	△	△	○

　　注：表中"○"表示可以选用，"△"表示可根据宝宝的实际情况选用，"×"表示不能选用。

🌙 二、生活护理

（一）吃喝

❶ 练习用奶瓶

一般宝宝4个月以后，有些妈妈就要返回职场了。如果一直是纯母乳喂养，此时宝宝多会拒绝用奶瓶、吮吸奶嘴。如果不提前让宝宝适应，到了妈妈上班的那一天，宝宝饿得哇哇大哭，妈妈即使在工作岗位上，也无法安心工作。既然如此，不如提前做好准备工作。试试以下方法，即使是再倔强的宝宝也会乖乖就范的。

第一步：挤出些母乳盛在奶瓶里给宝宝吃。至少先让宝宝熟悉陌生奶瓶里妈妈乳汁的味道。

第二步：如果宝宝拒绝，那他可能不适应奶嘴的口感。可以把奶嘴放入热水中软化后再给宝宝试。

第三步：如果宝宝还是不愿意，可以每天少量多次尝试以上的方法。

第四步：如果真遇到了一个特别有性格的宝宝，那就等宝宝饿得饥不择食时，再给他用奶瓶，一般用几次后也就习惯了。

❷ 宝宝不吃不要勉强

很多爸爸妈妈总担心宝宝吃不饱，所以，即使在宝宝拒绝进食后，也会想尽各种办法让宝宝把定量的辅食吃完。其实，真正患有厌食症的宝宝是极少的，只要宝宝生长发育正常，食量即使较少也是正常的。爸爸妈妈如果在育儿生活中过于机械地理解生长数据，并一味地要求宝宝应该吃多少、喝多少、睡多少、长多高、长几斤等，往往会人为地喂养出厌食儿或肥胖儿。宝宝不吃了就不要勉强。

（二）拉撒

❶ 宝宝便稀多缘于乳母的饮食行为

喂母乳的妈妈虽然免去了洗刷奶瓶的烦恼，但是每一个喂母乳的妈妈都要"痛苦"地"管住自己的嘴"。比如，不吃冰箱里拿出来的凉食，更要避免吃冰棍、喝凉饮料（除非您的宝宝总是便秘）；不要吃过于油腻的食物，如红烧肉等；不吃辛辣的食物；不吃凉性的水果和蔬菜。因为吃以上食物容易引起宝宝便稀。此外，如果在冬天，妈妈外出回家后最好先喝杯热水，过半个小时再喂奶，否则也容易引发宝宝便稀。有的妈妈很冤枉地说："我就吃了一口呀！"但就是这一口，让宝宝受罪，妈妈也跟着担心。

❷ 应对宝宝便秘的办法

有些宝宝断母乳换奶粉后常发生便秘和排便困难。由于宝宝的肛门括约肌已经有一定的控制力，经过几次痛苦的排便困难后，便会憋住排便以减轻痛苦，往往形成恶性循环。

对便秘的宝宝可尝试以下方法：多喝水，吃些胡萝卜泥、香蕉泥能较好地缓解便秘；给宝宝喝 5～10 毫升香油润润肠道；隔着衣服，给宝宝顺时针按摩腹部，每日 3 次，每次几分钟；用温热的湿毛巾给宝宝敷敷肛门，再用干净的手指轻轻给宝宝按摩肛门附近，以刺激肠道，加速排便；使用"开塞露"需遵医嘱。

（三）睡眠

4 个月左右，宝宝每天睡眠时间为 15～16 小时，夜间睡眠 10 小时，一般白天可睡 2～3 次，每次 1.5～2.5 小时。睡眠的时间和次数，个体之间存在较大差异，只要睡好就行。是否睡足、睡好要以宝宝精神饱满为标准。

❶ 宝宝可以睡枕头了

宝宝 4 个月以后，抬头挺胸的能力已经得到了极大的发展，可以给宝宝睡枕头了。可用谷子、茶叶、小米或荞麦皮做枕芯，用棉布做枕套，大小以长 30 厘米，宽 15 厘米，高 3 厘米为宜，枕头太高易造成落枕或驼背。

❷ 不要干扰宝宝睡眠

这个阶段，宝宝的胃容量增大，如果母乳充足，到了晚上，宝宝很可能一觉睡上六七个小时。有的妈妈担心宝宝白天差不多三四个小时一吃，晚上会不会饿得醒不来呢？这是妈妈过虑了。千万不要因为担心宝宝饿坏而叫醒睡得很香的孩子。因为睡觉时，宝宝的身体处于安静状态，消耗的能量少，所以需要吃的频率也就变低了。对于宝宝而言，睡眠是头等大事，不可被干扰。

❸ 如何对待婴儿夜啼

有些宝宝专门"上夜班"，弄的爸爸妈妈十分烦恼，疲惫不堪。首先应找出宝宝夜哭的原因：是不是室内空气太闷、太热、太冷？是不是宝宝盖的被子太厚，压得他不舒服？是不是宝宝的手脚卡在床栏杆里？是不是白天睡得太多，晚上不想睡？是不是宝宝红臀或被蚊虫叮咬？还是白天摔了一跤受了惊吓？

在逐一排除可能因素后，爸爸妈妈应注意：

（1）夜间如果不到吃奶的时间宝宝就哭闹，可以先喂些温开水，但切勿每次宝宝一哭就以为是肚子饿了，用吃奶的办法来解决。这样极易造成消化不良，结果造成宝宝胃肠功能紊乱，引起腹部不适，更会使宝宝哭闹不停。

（2）对于白天受了惊吓的宝宝，可以暂时把他放在大床上与爸爸妈妈同睡，以增加他的安全感。

（3）白天加大宝宝的运动量，延长他清醒的时间。例如，多给他做些被动体操，多让他练练翻身，多陪他看书、游戏。这样可以让宝宝在晚间睡得更踏实。

或许有人说，对付夜啼的宝宝就是不理睬他，让他哭个够。这是消极的办法，可能会使情况变得更糟。所以，对于容易夜哭的宝宝，爸爸妈妈要耐下心来，共同担当起养育宝宝的重任。

（四）其他

❶ 为宝宝选择适合的衣着

这个阶段，需要帮宝宝选择穿着舒服且活动方便的衣服。上衣可稍长，可将和尚领的短衫改为小翻领衬衫；也可以采用前扣式或肩扣式设计，以避免穿脱的不适。连身的设计可以选择兔装或暗扣的裤管，方便更换尿布。根据天气变化，可穿上柔软的鞋袜和带风雪帽的外套。

4个月后，宝宝因为长牙，口水分泌增加，但还不太会吞咽，所以会大量外流，可以帮他穿上一件罩衫并围上围嘴，避免弄湿衣服。同时要注意保持皮肤干燥，可以在宝宝脸上或脖子上抹些凡士林软膏保护皮肤，以免出现湿疹。

❷ 男宝女宝护理有别

男宝宝：如果男宝宝阴囊变大，阴囊皱褶减少，爸爸妈妈要留心了，这可能是宝宝出现鞘膜积液。男婴鞘膜积液，1岁前有自行吸收的可能，所以，如果不是很严重，无须治疗。在给男宝宝洗臀部时，首先要清洗包皮处，轻轻把包皮向上翻，暴露龟头，把积存在包皮内的尿酸盐结晶清理干净。

女宝宝：女宝宝尿道与阴道口紧密相邻，如果不注意卫生，容易患尿道炎和阴道炎。清洗女宝宝尿道口和臀部时一定要用流动水，从上向下冲洗。给女宝宝擦肛门时，一定要从前向后擦，千万不能从后往前擦，否则容易使肛门口的大肠杆菌污染尿道和阴道口而引起发炎。

❸ 关注出牙早的宝宝

宝宝一般在6～8个月开始长牙，也有个别宝宝在第4个月即萌出乳牙。宝宝出牙会有一些征兆，爸爸妈妈要注意观察，如玩弄自己的耳朵、吸下嘴唇、轻度发烧、牙床肿胀、流口水、啃咬东西、焦躁、睡不好、排便变化等。出牙是一种生理现象，对个别孩子出现的睡眠不安及低热等现象，无须担忧。

一旦出现长牙的征兆，可用冷毛巾或按摩牙床缓解长牙不适；给宝宝提供磨牙的机会，可以买一些磨牙棒、磨牙饼干或磨牙玩具给宝宝进行磨牙练习，促进宝宝牙床的发育和用牙的经验，但须避免磨咬不洁物品。

流口水：在衣服上别上一块干净的手帕，围上吸水性强的围嘴，及时擦净口水并换洗衣物。

保护乳牙：餐后和睡前饮些白开水清洁口腔，也可以用毛巾或纱布蘸水擦拭。少吃甜食，多晒太阳，按常规补充维生素D。

❹ 准备一个妈咪包

若带宝宝外出活动，不要忘记准备一个外出用品袋（内含4～6块尿布、围嘴、备用衣物、奶嘴、奶瓶、奶粉、湿巾、垫子、玩具及温水瓶），袋子应选用防水材质且多隔层的，以方便使用。如果在外面更换尿布，要先以消毒湿巾擦拭，再铺上自己的垫子，不要在地上或脸盆周围更换尿布，而且妈妈一定要彻底洗手。

妈咪包

💡 提示与建议

1. 对此阶段仍未建立日夜规律的宝宝，爸爸妈妈可尝试以下方法进行调整：白天在两次喂食间不要睡超过 4 小时；白天不要刻意避开房间中的家庭噪声；宝宝清醒时多和他互动；夜晚睡时保持安静，灯光变暗，减少刺激；半夜换尿布或喂食，动作要快且安静；除非必要，夜晚不要吵醒宝宝。

2. 习惯养成对于宝宝来说是最重要的学习，爸爸妈妈要通过日常护理，如把尿、排便、换尿布、洗手、洗澡、睡眠规律、饮食规律、穿脱衣配合等方面尽量培养宝宝的良好习惯。

3. 爸爸妈妈若使用育儿背带，请注意以下注意事项：千万不可在炉子前煮东西或端热的东西；注意使用年龄及体重的限制；材质须坚固、耐洗，质地柔软不伤皮肤；接缝稳固不松脱；肩带及颈带有软垫；符合安全标准。

4. 宝宝乘坐汽车需使用安全座椅，选择的汽车安全座椅要有检验合格证书。使用时将安全座椅紧密固定在座位上，宝宝则需固定在安全座椅上：9 千克以下的宝宝，面朝后放于后座中；9 ～ 18 千克的宝宝，面朝前放于后座；18 千克以上的宝宝，垫高坐垫使用汽车安全带。

 三、保健医生

（一）常见疾病

❶ 营养性缺铁性贫血

营养性缺铁性贫血是 6 个月～2 岁的婴儿最常见的疾病。宝宝体内储存的铁只能满足 4 个月内生长发育的需要，而 4～6 个月的宝宝，体重、身高迅猛增长，对铁的需要量增加，因此，容易发生缺铁性贫血。轻度贫血的症状、体征不明显，待有明显症状时，多已属中度贫血，主要表现为上唇、口腔黏膜及指甲苍白；肝脾淋巴结轻度肿大；食欲减退、烦躁不安、注意力不集中、智力减退；明显贫血时心率增快、心脏扩大，常常合并感染等。化验检查的结果一般是血中红细胞变小，血色素降低，血清铁蛋白降低。具体预防措施如下。

（1）坚持母乳喂养，因母乳中铁的吸收利用率较高。

（2）及时添加含铁丰富的辅食，如蛋黄、鱼泥、肝泥、肉末、动物血等。

（3）及时添加绿色蔬菜、水果等富含维生素 C 的食物，促进铁的吸收。

（4）应当用铁锅、铁铲做菜、做汤，粥、面不能在铝制餐具里放得太久，因为铝可以阻止人体对铁的吸收。

（5）鲜牛奶必须煮沸后再喂，以减少过敏导致的肠出血而产生贫血。

（6）如不能按时增加辅食，可采用经卫生部门认可的铁强化食品。

（7）定期检查血色素，出生 6 个月和 9 个月需各检查一次。

❷ 婴儿肠套叠

婴儿肠套叠是最常见的急腹症之一，多见于 4～10 个月的肥胖儿，两岁以上逐渐减少，一般认为与肠蠕动紊乱有关。由于被套入的肠子血液供应受到阻碍，会引起疼痛，若腹痛、呕吐、便血、腹部肿块四个症状同时出现，基本可以确定为肠套叠。若肠套叠时间过长，可能发生坏死，如果盲目按揉，可能造成套入部位加深，加重病情。

宝宝常因饮食的改变不当而发生肠套叠。所以，添加辅食时，每次只加

一种，从小量开始，使胃肠道有一个适应的过程。喂食时间、食物冷热等均需注意。

宝宝患上呼吸道感染、腹泻期间，突然发生阵发性哭闹、脸色苍白、伴有呕吐时，应高度重视有无肠套叠发生，一旦怀疑宝宝有肠套叠，立即去医院就诊，不可延误。

❸ 急性上呼吸道感染

急性上呼吸道感染简称"上感"又称"感冒"，其发病率占儿科疾病的首位。"上感"是指鼻部和咽部的炎症，若不注意可能会发展为气管炎、支气管炎和肺炎，或引起喉炎、中耳炎、结膜炎等其他各种疾病，因此，必须加强对感冒的预防和治疗。

感冒是由各种呼吸道病毒引起，如果是细菌，多为继发感染。宝宝因自身对细菌、病毒的免疫力差，加上营养状态、环境因素，如空气污浊、日晒不足、护理不当、冷暖失调等，使身体抵抗力降低而易发病。

宝宝一旦感染，症状相对就比较重，多有发热，伴有精神萎靡、食欲不振，甚至出现呕吐、腹泻等。高热可能引起惊厥，鼻塞影响吮奶，甚至呼吸困难。

如果宝宝的体温在38℃以下，无合并症，则无须药物治疗。注意休息，多饮水，吃易消化的食物，注意口、眼、鼻的清洁，保持室内空气新鲜以及适当的温度和湿度；如果体温达到38℃以上持续4小时，应送往医院就诊。如果没有并发细菌感染，不宜使用抗生素，应使用抗病毒药物。高热者应使用退热药物并配合物理降温，咽痛含服咽喉片，如有咳嗽应使用止咳药物。

预防：加强体格锻炼，经常户外活动，多晒太阳，室内通风；平时穿衣不宜过多，不要过度疲劳，不到人多的公共场所；不与感冒患者接触；在发病季节进行预防性药物消毒，如用食醋熏蒸空气。

（二）健康检查

本阶段有两次健康检查，请爸爸妈妈记得在相应的时间带宝宝及时去体检。

宝宝第4个月时进行第2次体检，这次体检主要测宝宝的身长、体重、头围、囟门、能力发育、视力、听力、血液及微量元素。

宝宝第 6 个月时进行第 3 次体检，除了视力、听力、血液及身体能力发育等检测外，还需重点检查宝宝牙齿的萌发状况及骨骼发育情况。

（三）免疫接种

时 间	疫 苗	可预防的传染病	注意事项
4个月	口服脊髓灰质炎糖丸（第3次），与第2次间隔6~8周	小儿麻痹	1.服时将糖丸放小勺内加少许冷开水，浸泡片刻，再用一只干净小勺轻轻一按，即将糖丸碾碎。然后直接用小勺喂服。不要用母乳喂服，服后1小时内禁喂热开水
	"百白破"疫苗（第2次），与第1次间隔6~8周	百日咳、白喉、破伤风	2.注射疫苗保持左上臂干燥清洁
	做结核菌素试验	复查卡介苗接种是否有效	3.接种前最好给孩子洗澡，换上干净内衣；刚打过针应注意休息片刻，不要做剧烈活动；母乳喂养的孩子妈妈不要吃辛辣等刺激性食物；注射后若有轻度局部红肿疼痛或低热，一般只需休息，多喝开水即可。体温超过38.5℃，局部反应严重，应去医院诊治
5个月	"百白破"疫苗（第3次），与第2次间隔6~8周	百日咳、白喉、破伤风	
6个月	乙型肝炎（第3针）	乙型病毒性肝炎	
	A群流脑疫苗（第1针）		

💡 提示与建议

1. 皮肤观察。宝宝有时因为穿着不透气或穿、盖太多而产生痱子，须保持皮肤透气，使用宝宝专用清洁用品或保养品时注意皮肤的反应。若过热，在脖子及胸背上出现细小密集水泡且痒的皮疹，则可能是痱子，应保持通风、凉爽、透气，可用清水洗澡或使用润肤乳液。

2. 宝宝生病时要马上就医的几种状况。宝宝开始添加辅食，又喜欢把拿得到的东西往嘴巴里送，所以，感染疾病的概率逐渐增多，这就需要爸爸妈妈随时注意宝宝的情况，尤其当他生病时，以下这几种状况要马上就医处理：呼吸困难，或每分钟呼吸次数超过50次；经常呕吐或喷射状呕吐；发烧；皮肤或眼白变黄；前囟门凹陷或膨胀；昏睡；哭闹不止，哭声尖锐；一天排尿不到6次；痉挛；拒食；持续腹泻；尿中或便中带血；皮疹；口腔内有白色斑块；行为或精神状态与平常不同。

3. 防止宝宝吞入异物。此阶段的宝宝喜欢把手里的东西往嘴里送，因此，爸爸妈妈要多加留心，以防宝宝乱塞物品入嘴造成危险。掉落的花生米、钉子、纽扣、硬币、小玩具或塑料袋等要清除干净，防止落在宝宝手里。长牙时的宝宝特别喜欢啃咬东西，因此，宝宝的所有玩具、物品，都要防止有绒毛、金属、块状物脱落，免得宝宝吞食而出现意外。

4. 疫苗接种注意事项。接种"百白破"三联疫苗后，局部反应或全身反应比其他疫苗多见，必须注意以下事项。

接种后6～10小时，注射局部可有轻微红肿、疼痛、发痒，部分宝宝还会有低热或轻度不适，这些均为正常反应。

如果体温在38.5℃以上，局部红肿范围宽度超过5厘米，就需要注意观察，适当休息，做一些对症处理，一般2～3天就会恢复正常。爸爸妈妈切不可因此而放弃以后的接种，应按规定的程序完成接种。如果注射第一针后，因故未按时注射第二针，可延长间隔时期，但最长间隔期勿超过3个月，以免影响免疫效果。注射"百白破"三联疫苗后，如果有抽搐、惊厥等神经系统症状，下次接种时应向医生说明情况，不可再接种百日咳菌苗，只能接种白喉、破伤风二联制剂。有惊厥史、脑损伤史、脑发育不良者，禁忌用"百白破"三联疫苗，但可以接种白喉、破伤风二联制剂。

第三节　促进4～6个月宝宝的发展

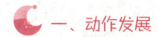 一、动作发展

（一）动作发展状况

对称和直立是4～6个月宝宝的动作发展重点。

❶ 对称动作继续发展趋于完善

仰卧、俯卧动作不断发展，掌握了平衡，使得对称动作的发展趋于完善。

❷ 腰曲形成开始直立

从扶坐到瞬间独坐，从独坐前倾时两只手开始在前面支撑，脊柱下部后突并向下延伸，脊柱的第3个弯曲——腰曲开始形成，到站立脚部用力，使得颈部充分伸展。到这个时候，一个平躺的人逐渐过渡为直立的人了。

（二）动作训练要点

❶ 加强四肢和背部肌肉的力量

通过爬前训练、翻身训练和屈腿蹦跳训练，加强四肢和背部肌肉的力量。

爬前训练包括上肢准备、下肢准备和四肢准备。爬行是一种低重心的四肢协调运动，不仅手脚共同支撑体重，而且手脚交替移动。因此，手的支撑力训练和下肢的跪姿训练相当重要。

当宝宝能够翻身后，每天要提供条件，刺激宝宝进行翻身练习。

屈腿蹦跳训练其实是一种反射性行为，是宝宝为了学习站立和行走所进行的自主准备性活动。这时，要充分利用宝宝的蹦跳本能，为他提供蹦跳的机会，多让他跳。

❷ 学习直立

无论坐还是站，对于卧位来说，都是直立。

坐是从卧位通向站立的中间环节，是人终身要使用的重要体态。通过坐，宝宝要学会上半身的重心控制和协调，锻炼上身肌肉的耐久性支撑。

直立是人与动物的最大区别，从仰卧到直立是一个了不起的发展。随着宝宝脊柱的逐渐发育，可通过拉站、扶腋站等方法让宝宝积累站位的经验。

（三）健身活动

【游戏一】

名称：翻身打滚

目的：锻炼身体的协调性，提升平衡能力，学习翻身技能。

方法：从仰卧到侧卧到俯卧，再从俯卧到仰卧，俗称"打滚"。打滚是最初的主动性位移，也是最低重心的位置移动。它不仅能促进头、颈、躯体、四肢肌肉活动的协调，锻炼大肌肉的灵活性，还能增加感官与动作的配合，使视听探索通过运动定向变得更有效。

可边做动作边说儿歌："翻饼烙饼，宝宝吃馅饼。翻过来，掉过去，宝宝笑笑。"最后"笑笑"的时候可以在宝宝的腋窝、脖子或肚皮上搔搔痒。

【游戏二】

名称：靠坐

目的：锻炼身体控制能力。

方法：

（1）宝宝精神状态良好的时候，在宝宝的后背垫上垫子，让宝宝靠坐在上面，每次坐立的时间不超过半分钟。

（2）爸爸妈妈靠坐在沙发上，让宝宝背靠着坐在爸爸妈妈身上，这时爸爸妈妈要跟宝宝有语言交流。

【游戏三】

名称：双脚跳

目的：锻炼下肢的灵活性。

方法：

（1）诱导双脚跳。4个月以后，当宝宝双脚力量达到可以扶站时，成人要开始有意地托住宝宝腋下，诱导宝宝双脚跳。这时，可以稍微用力将宝宝双腿向下压，使膝盖弯曲，如此反复。还可以将宝宝提起再放下（同时压下双腿），做出跳跃姿势。

（2）爸爸妈妈将宝宝面朝外抱在怀里，一手抱住宝宝的腹部，一手从下托住宝宝双足，向上用力迫使宝宝屈膝并做出向下弹跳的动作，每天反复多次，可一边带宝宝看东西，一边做以上动作。

【游戏四】

名称：奔赴四方

目的：刺激前庭器官，促进平衡能力和空间知觉发展。

方法：妈妈抱起宝宝，一手托住他的臀部，一手搂着他的腋下，让他面向外可以看到整个环境，然后妈妈开始像马一样跑来跑去。

在游戏过程中，宝宝会因为看到"画面"不断在改变，而感觉到很新鲜。起先不要太快，甚至可以只在一个小地方做，慢慢地将活动的范围扩大。

【游戏五】

名称：苹果长在大树上

目的：引发愉快情绪，刺激内耳平衡器官发展。

方法：4个月以后的宝宝全身肌肉控制力量已经较好，每天可以将宝宝高高举过头去晃一晃，放下来，再举起来，如此反复。逗引宝宝产生愉快的情绪反应。游戏时配合儿歌：苹果长在大树上（举起宝宝过头），掉下来，掉下来，掉下来（分3次逐渐将宝宝放低），刮风了（举宝宝顺时针转1圈），掉下来（放低宝宝），又刮风了（逆时针转1圈），掉下来（降至最低）。

提示：注意在举高的过程中动作不可过大、过猛，要慢、稳，待宝宝适应后再逐渐增加强度。

二、智力发展

（一）智力发展状况

❶ 空间概念是宝宝最先发展的概念

由于空间概念的发展，使得宝宝认识了自己的身体，认识了周围世界，开始了智力的发展。4个月的宝宝可以看清不同距离的物体，具有了视觉分辨的能力，在此基础上有了大小知觉的恒常性。

❷ 认识第一件事物

随着宝宝听觉敏锐度的提高，他听声寻源的精准度更高，并开始将声音和图像联系起来，这种能力的发展帮助宝宝认识了人生的第一件事物。宝宝最早认识事物，与他的认知经验关系密切，可能是灯，也可能是奶瓶或其他。

❸ 出现咿呀语

宝宝在4～6个月期间发出了辅音，辅音与元音结合形成了咿呀语，便开始了与爸爸妈妈的交流。

（二）智力开发要点

❶ 主动寻找目标

这是宝宝发展视觉追踪能力很重要的一步，通过注视不同的物体，有利于发展宝宝对颜色的分辨能力及手眼协调能力，促进宝宝的运动视力、双手协调能力、手指协调能力的发展，了解物体的恒常性。

❷ 操纵物体

通过摆弄、操纵物体，除了训练双手的活动能力，还可以认知生活用品，了解简单的因果关系，发展认知能力。

❸ 建立语言应答模式

家长应对宝宝的咿呀语予以积极回应，同时进行强化名字训练，帮助宝宝建立对语言的应答模式（声音及动作）。

（三）益智游戏

1 手眼协调

【游戏一】

名称：斗斗——飞

目的：培养愉快情绪，锻炼手指肌肉，发展言语动作协调能力。

方法：让宝宝背靠在爸爸妈妈的怀里坐着，爸爸妈妈用两手分别拿着宝宝的双手，用食指和拇指抓住他的食指，教他把两只食指尖对拢又分开，对拢时说"斗、斗、斗、斗"（每念1次，食指尖对拢1次），分开时说"飞——"。反复进行，逐渐让宝宝一听到"斗斗——飞"，自己就学着对拢食指。

【游戏二】

名称：一定要抓住它

目的：发展独立意识，培养独立自主的个性品质，提升手眼协调能力。

准备：乒乓球、小玩具、图片、小饰物等小东西。

方法：

（1）在家里找些小巧玲珑的东西，如香包、小绒球、小皮包、汤匙等，形状和颜色尽量多样化，以吸引宝宝注意。玩的时候，将这些东西在宝宝眼前晃动，等宝宝抓到时，就要夸张地赞赏他一番。

（2）展现的方位也要常变换：有时远一点，有时近一点；有时高，有时低；有时左，有时右。这样可提高宝宝的兴趣，也有利于用手智能的均衡发展。

提示：在一开始，宝宝伸手抓取的方位，可能会和物体的位置产生一些偏差，在他的大脑功能还不足以胜任这项工作以前，是需要不断学习和耐心等待的，一般情况下，宝宝到6～7个月大时就会准确起来了。

【游戏三】

名称：撕纸

目的：促进双手配合及手指小肌肉的发展。

方法：

（1）成人撕纸：在宝宝快要能够撕纸之前，爸爸妈妈可以在宝宝面前，反复缓慢地撕纸给宝宝看，让宝宝先通过视觉进行必要的学习，达到视觉模仿。

（2）帮助撕纸：找一张16开大小的纸张，先从中间撕上一个口子，然后让宝宝拿着纸的两边，爸爸妈妈把着宝宝的手帮助将纸撕开。

（3）互相撕纸：由于宝宝还找不到撕纸的窍门，双手还没有足够的力量去把一张16开大小的纸撕裂，所以可以让宝宝先体验一下撕餐巾纸或面巾纸的感觉，取一张餐巾纸，让宝宝拿着一边，爸爸或妈妈拿着另一边，一边说"撕一撕"，一边将纸撕开。

❷ 感知探索

【游戏一】

名称：注视活动的物体

目的：训练视觉跟踪能力和运动视力。

方法：

（1）日常生活中，爸爸妈妈可抱宝宝到室外观察行人或行驶的汽车或小猫、小狗及嬉闹中的小朋友。在观察的同时，要及时给宝宝做出语言解答，更好地培养宝宝的认知能力。

（2）每天玩一玩带响的或者会动的玩具（皮球、电动小车、发条小玩具等），或者观看正在飞的鸟和昆虫，均能激起宝宝"追视"的兴趣。这不仅能锻炼宝宝视焦距的调焦能力和注意力，也可扩大宝宝的视野和认知范围。

【游戏二】

名称：初步认知五官——鼻子

目的：帮助了解和认识五官，初步感受五官的存在。

方法：

（1）妈妈抱着宝宝或者让宝宝仰躺在床上，与宝宝视线相对，问宝宝："宝宝的鼻子呢？"然后用手轻轻地点点宝宝的小鼻子，说："宝宝的小鼻子在这儿呢！"同样问："妈妈的鼻子呢？"拉起宝宝的小手，让他摸到妈妈的鼻子，告诉宝宝："这是妈妈的鼻子。"靠近宝宝，用自己的鼻子轻轻地顶顶宝宝的鼻子，同时发出"嗯嗯"的声音来增加游戏的乐趣。

（2）抱宝宝到镜子前，指着镜中的宝宝或妈妈的鼻子让宝宝来认知。用不了多久，妈妈一说"鼻子呢"，宝宝就会伸手去触摸妈妈的鼻子了。

【游戏三】

名称：小小不倒翁

目的：体会推力大，摇的时间长；推力小，摇的次数少，从而理解简单的因果关系。

准备：玩具不倒翁。

方法：取一只会响的不倒翁教宝宝推动，在游戏中，让他观察和体会不同的力度下不倒翁的变化。一边玩不倒翁，一边说儿歌："说你呆，你不呆，推你倒下去，你又站起来。"爸爸妈妈温柔的话语是宝宝玩游戏的动力："宝宝快看，好奇怪哟！它怎么也不倒呢！"

如果把不倒翁放在离宝宝眼前不远的地方故意摇晃给宝宝看的话，想要摸摸看的心情也可能是诱导宝宝翻身或爬行的契机。

提示：不管从哪个方向、用多大的力量推，都会站起来的不倒翁，是翻身——坐起期宝宝必备的玩具。

【游戏四】

名称：躲猫猫

目的：发展感知力，了解物体的恒常性和诱发愉快的情绪。

方法：

（1）宝宝躺在床上，妈妈用手帕将宝宝的脸遮上并说"看不见了"，再把手帕拿开，说："又看见妈妈了。"反复做几次，会引起宝宝愉快的情绪。

（2）妈妈将双手并在一起挡住自己的脸，然后突然移开双手，露出脸部逗引宝宝发笑。

（3）妈妈用两手心挡住宝宝的眼睛，然后两手一起拿开，同时充满活力地"哇"一声。

（4）妈妈将宝宝面对面地抱着，爸爸在妈妈的后面。爸爸先从妈妈左边的肩膀露出头来，并叫着宝宝的名字，当宝宝看见爸爸时，爸爸再躲到妈妈的背后。过一会儿，再从妈妈右边的肩膀露出头来，并叫着宝宝的名字。反复几次后，宝宝会在爸爸要出现的方向等着爸爸的出现。

❸ 语言

【游戏一】

名称：听妈妈讲现在的事情

目的：训练辨别声音的能力。

方法：妈妈用亲切柔和的声音、富有变化的语调跟宝宝讲话，内容主要是宝宝面对着的东西和事情。可以告诉他正在玩的玩具的名称，把宝宝的照片、全家的照片、看过的脸谱等图片指给他看，边看边说。

【游戏二】

名称：叫名字转头

目的：熟悉自己的名字，听到后能转头。

方法：爸爸抱着宝宝并让宝宝背对着妈妈，然后，妈妈呼唤宝宝的名字，逗引宝宝转头去找，宝宝看到妈妈后，妈妈要大加鼓励或亲亲宝宝，然后妈妈再转向宝宝看不到的地方，再叫宝宝的名字，逗引宝宝去找，如此反复，每天做 3～5 次此种游戏。几天后，改换妈妈抱着宝宝，让其他人再呼唤宝宝的名字，逗引宝宝去找。

如果宝宝已经转头去找了，说明宝宝已经知道自己叫什么名字了；如果宝宝仍然不转头，那就继续做此种游戏，直到宝宝只要听到自己的名字，不管是谁叫的都会转头去找。

【游戏三】

名称：听儿歌、音乐

目的：培养感知语言节奏的能力。

方法：让宝宝在以前的基础上继续听儿歌、音乐。但最好配合宝宝做的事情，固定几首曲子，如在做婴儿操时，可放一首欢快的曲子，在吃饭时放一首悠扬的曲子，在睡觉时放摇篮曲等。

三、社会情感发展

（一）社会情感发展状况

❶ 认识自己

宝宝在 4 个月左右，就会伸手触摸镜子，对自己笑，发出声音。5 个月时可以从镜子中清楚地看到自己的五官，借助爸爸妈妈的语言如"这是眼睛、鼻子"等来认识自己。

❷ 用哭声求助

宝宝在 6 个月左右，开始会用哭声求助。当遇到力所不能及或不如意的事情，看到了妈妈就开始哭，想得到帮助。

❸ 陌生人警惕

6 个月左右，宝宝开始害怕与陌生人接触。在陌生人面前变得机警小心，这就是心理学中的"陌生人警惕"反应，就是平时所说的"认生"时期。

（二）社会情感培养要点

❶ 学习认识自己

认识自己是自我意识的开始，先学习认识自己身体的部位，在此基础上，才能进一步学习有关自我的概念。

❷ 建立安全的依附关系

孩子是否能和熟悉的成人建立亲密的情感联结（即安全的依附关系），是日后发展健康情绪、对人的信任感、正向的人际互动、主动探索和学习的重要基础。当宝宝 6 个月进入"认生"期开始，会出现黏人状况，一般会黏妈妈多些，此时需要爸爸妈妈经常和宝宝说说话、逗弄玩耍、多一些拥抱和笑容，为宝宝的安全依附暖身。

❸ 培养健康的身体和心理

当宝宝用哭声求助时，妈妈可以给予更多的肌肤相亲，如宝宝够不到玩具时，妈妈用手掌轻轻顶着宝宝小脚丫往前推一下，不仅满足了宝宝的要求，还可以使他身心得到锻炼，学习通过自己的努力达到目的。对宝宝的哭声报以冷漠的态度是不对的。

（三）促进社会情感发展游戏

【游戏一】

名称：照镜子

目的：培养愉快的情绪。

方法：妈妈面对镜子抱宝宝，让宝宝认识镜中的自己："这是宝宝，宝宝，给宝宝亲亲，嗯！真棒！再亲亲，好！再亲亲吧！"只要宝宝高兴，每天都反复做此种活动，等宝宝看到镜子就知道亲亲镜中的自己；再让宝宝和镜中的自己顶顶头，方法同上。

【游戏二】

名称：肢体语言表达

目的：初步掌握手语并理解其含义。

方法：

（1）"欢迎欢迎"。家里来了朋友，爸爸妈妈可以边做拍手的动作边说："欢迎欢迎！"同时也对宝宝说："宝宝，叔叔阿姨来咱们家做客，我们欢迎欢迎他们吧！"说完可以协助宝宝的双手，使宝宝逐渐学会并理解"欢迎"的礼貌用语。

（2）"再见"。爸爸妈妈带宝宝在户外准备回家时，可以告诉宝宝："我们该回家了，跟小朋友们说再见吧！"此时，可扶着宝宝的手，向其他小朋友摇手说"再见"。除此之外，爸爸上班时，也可以让宝宝跟爸爸摇手再见。时间长了，宝宝就能够自己摇手表示再见了。

【游戏三】

名称：碰碰头

目的：培养愉快的情绪。

方法：

（1）妈妈面对宝宝，扶着他的腋下，用自己的额头轻轻地触及宝宝的额头，并亲切愉快地呼唤他的名字，说："碰碰头。"

（2）重复几次后，当妈妈头稍向前倾时，他就会主动把头凑过来，并露出愉快的笑容。

（3）还可以鼓励宝宝和爸爸、爷爷、奶奶、外公、外婆等人玩这个游戏。

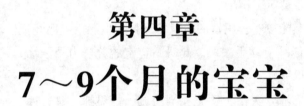

第四章

7～9个月的宝宝

第一节 7～9个月宝宝的特点

一、生活素描

7个月的宝宝已经习惯坐着玩了，他喜欢做由坐而卧、由跪而坐、由坐而爬等交替动作。8个月的宝宝一般都能爬行，他开始在室内爬来爬去，到处探索。接下来的日子，宝宝将由手膝爬行，逐渐过渡到扶物站起、横向跨步，这为以后的行走奠定了基础。

这时的宝宝能按爸爸妈妈的吩咐拿玩具，说明宝宝已经记住玩具的名称，看到它在哪里能马上动手去取。此时，宝宝的分辨力、记忆力、观察力和动作技能都配合得很好。

手的动作已非常灵活，手眼相当协调，能做抓、拿、摔、捏、拍、打等动作，能抓茶杯、拿饼干、用手指捡拾小东西等。宝宝用手来表示的语言也更加丰富。开始了解一些动作上的因果关系，如会揭开纸或布巾找到玩具，会用食指操纵多种开关。

这个阶段，宝宝对周围环境的兴趣大为提高，能注视周围更多的人和物体，并对不同的事物表现出不同的表情。凡是具有色彩或处于动态的自然景物，都能引起宝宝的注意。因此，要利用宝宝的这一特点，让他多听、多看，这个时期的宝宝能够认识任意3个他喜欢的身体部位。

这个阶段，宝宝的哭声有明显的抑、扬、顿、挫，知道不行、不可以等禁止语气。他开始热切地模仿周围人物的各种声音、动作和表情，他喜欢玩照镜子的游戏。爸爸妈妈重复念唱简单的手指谣或儿歌可以逗他开心，对着他说话，或指着东西告诉他名称时，他会用心听。他还会向别人表达意愿，会用四种以上的姿势去表达语言，这是任何一个妈妈都能懂的表达方式。当宝宝能用语言之外的方法去表达时，他自然也能理解别人言语之外的用意，即学会察言观色，这是一生都有用的交往技巧，它使宝宝更加机灵，更加善解人意。

宝宝会对玩具娃娃表示关心，这是关注别人的开端；能听懂别人的谈话，当谈到自己时会表现出害羞的神情。能分清身边的人、熟人和陌生人，对熟悉的人喜欢用咿呀话语交流沟通，对陌生人则表示不安。

此时期，到外面散步、到公园荡秋千、滑滑梯逐渐成为他向往的活动之一。

💡 提示与建议

1. 大多数宝宝在这个阶段进入了认生高峰期，这也是孩子与爸爸妈妈形成巩固的亲子关系的关键期。妈妈不要长期离开自己的孩子，爸爸妈妈即使工作再忙，每天也要抽出一定的时间与宝宝共度宝贵的亲子时光。即使时间总量并不长，但是只要在有限的时间内与宝宝建立最有效的沟通与互动，也是能给宝宝带来足够的爱与安全感的。

2. 宝宝在这一阶段的另一个特点是进入了词汇理解的敏感期，爸爸妈妈除了要多和宝宝说话之外，爸爸妈妈之间的交流在内容、语音、语调等方面也要特别留意，给宝宝创设一个和谐的语言环境。

3. 宝宝此时正处在爬行和观察力发展的关键期，移动范围加大，好奇心更是空前高涨。爸爸妈妈在为宝宝布置一个安全、宽敞的爬行环境的同时，还应以宝宝的高度和视角，对家中环境的安全性进行彻底检查，并加以改善。

（1）插座不用时应使用安全插座盖。

（2）电线收纳固定妥当。

（3）较重的器具应收放在橱柜后面。

（4）危险易碎物品应放在宝宝拿不到的地方。

（5）收起或固定桌布。

（6）电暖器加护栏。

（7）直径4厘米以下的小物品需收纳放置于安全处。

（8）家具移离窗户。

（9）桌角加装防护装置。

（10）确认窗帘及百叶窗的绳子固定收好。

（11）楼梯应设安全栅栏。

（12）药品及清洁用品应分类收好。

（13）避免有毒植物或将植物位置放高。

（14）门把手加装安全盖。

适合的玩具：

• 易抓的小球

• 有按钮、能发出响声的玩具

• 洗澡玩具

• 玩具电话、小木琴、小鼓、金属锅和金属盘

• 挤压时可以吱吱叫的橡皮玩具

• 不易撕坏的布质的书

二、成长指标

（一）体格发育指标

体格发育参考值

项　目		体重（千克）			身长（厘米）			头围（厘米）		
		−2SD	平均值	+2SD	−2SD	平均值	+2SD	−2SD	平均值	+2SD
7个月	男	6.7	8.3	10.3	64.8	69.2	73.5	41.5	44.0	46.4
	女	6.0	7.6	9.8	62.7	67.3	71.9	40.2	42.8	45.5
8个月	男	6.9	8.6	10.7	66.2	70.6	75.0	42.2	44.5	47.0
	女	6.3	7.9	10.2	64.0	68.7	73.5	40.7	43.4	46.0
9个月	男	7.1	8.9	11.0	67.5	72.0	76.5	42.5	45.0	47.5
	女	6.5	8.2	10.5	65.3	70.1	75.0	41.2	43.8	46.5
出牙		乳牙萌出1～2颗，共1～6颗 白色代表已萌出的小牙 灰色代表正在萌出的小牙					9个月			

注：本表体重、身长、头围摘自世界卫生组织"2006年儿童体重、身长（高）、头围评价标准"，身长取卧位测量，SD为标准差。

（二）智力发展要点

智力发展要点

领域能力	7个月	8个月	9个月
大运动	能独坐自如；扶双手能站10秒钟以上	稳定独坐，在坐位可自由转体或改变重心；手膝爬行较熟练，爬来爬去；单手扶站稳；可以独站片刻，但不稳	扶双手能迈3步以上；双手扶栏能站起
精细动作	拇指和其他四指配合能抓起体积较小的东西，会玩具对敲	双手配合玩玩具 喜欢用手指掏小洞 手可以捏拿小丸、玩小瓶盖	能打开抽屉取出玩具
语言	无意识地发出爸爸、妈妈的音	理解成人说出的日常名称	会有招手表示"再见"，拍手表示"欢迎"
感知	能找到当面藏起来的玩具；会指认新物品，会模仿拍手	指认眼、鼻	会指认新的物品，懂得"大的"
社交情感	见熟人主动要求抱	交朋友、学"谢谢""再见"	听到表扬会重复刚做的动作

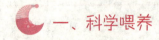

第二节　7～9个月宝宝养育指南

🌙 一、科学喂养

（一）营养需求

此阶段，除继续补充维生素和矿物质外，蛋白质是这一时期生长需要的重要营养素。

❶ 蛋白质需求量增加

宝宝满6个月后，母乳内的维生素和微量元素已不能满足宝宝的需求，蛋白质、脂肪和糖的含量及比例也不能适应宝宝身体迅速增长的需要，所以，即使母乳充足，也需要给宝宝增添营养丰富的辅食，这也是帮助宝宝从乳类喂养过渡到成人饮食的必然过程。由于蛋白质的需求量增加，每天除了给宝宝果汁、菜汁、果泥、菜泥以补充维生素和矿物质外，爸爸妈妈应该开始给宝宝提供含蛋白质丰富的泥状食物，如豆腐泥、肝泥、肉泥等，建议每天在上午10点及下午3点或6点左右各喂食一次。

❷ 及时满足钙的需要

在7～9个月，大多数宝宝开始出牙了。一方面是对孕期和初期阶段哺育成果的检验，另一方面是在提示妈妈关注一件事，即开始为宝宝补钙。钙主要参与骨骼和牙齿的生长，还参与神经肌肉的活动，具有调节神经肌肉的兴奋、抑制神经冲动的传导作用。充足的钙可促进骨骼和牙齿的发育并抑制神经的异常兴奋。在宝宝生长发育的高峰期，钙摄入量不足会产生非常严重的问题，如抽筋、爱哭闹、体质弱、学步晚，都是缺钙的早期表现。如果不注意的话，后期还可能会引起鸡胸、佝偻病等。宝宝除了从母乳和牛奶中获取钙元素外，还可以服用钙剂或富含钙质的食物来满足生长发育的需要。一般每天补充100～200毫克钙元素，就能满足宝宝的需要。

💡 提示与建议

1. 为宝宝选择钙剂时，关于品种和用量一定要咨询医生的意见。因为各种钙剂的化学成分不一，剂量从几十毫克到数百毫克不等，标注方法也不是很统一，非专业人士不易识别。

2. 豆制品含钙量较高，但对于年幼的宝宝来说却不宜多食用。宝宝对大豆中高含量抗病植物雌激素的反应与成年人相比完全不同。宝宝摄入体内的植物雌激素只有5%能与雌激素受体结合，而其他未能吸收的植物雌激素则积聚在体内。对于每天大量饮用豆奶的宝宝来说，这将危害他的性器官发育。有研究表明，喝豆奶的宝宝患乳腺癌的风险概率是喝奶粉或母乳喂养的宝宝的2～3倍。

（二）喂养技巧

❶ 咀嚼和喂食的敏感期

这一阶段是宝宝学习咀嚼和喂食的敏感期，妈妈要尽可能提供多种口味的食物让宝宝尝试，并可以把不同种食物自由搭配，满足宝宝的口味需要。主食还是母乳和代乳食品，奶量不变。但此时的宝宝已经出牙，可以喂1～2片饼干，菜汁、果汁可以增至每天6汤匙，分两次喂食。熟蛋黄增至每天1个，可过渡到蒸蛋羹，每天半个。粥稍煮稠些，每天先喂3小勺，分两次喂食，逐步增至5～6小勺；也可添加燕麦粉、混合米粉、配方米粉等。在稀粥或米粉中加上1小勺蔬菜泥，如胡萝卜泥或南瓜泥。如果宝宝吃得好可以少喂1次奶。从这时起到12个月，浓缩鱼肝油每天保持6滴左右，分两次喂食。

此时期宝宝可以吃的食物有：花椰菜、绿叶蔬菜、土豆、番茄、茄子、西瓜、苹果、橙汁、草莓、杧果、柠檬、鳄梨、猪肝泥、鸡肝泥、鱼肉泥、猪肉末、牛肉末、鸡肉粥、烂面条、嫩豆腐、饼干、面包片等。

❷ 向断奶过渡的时期

母乳喂养的重要性从出生后6个月开始减弱，到了9个月，母乳的作用再次减弱，一天喂3～4次母乳就可以了。妈妈的乳汁分泌量开始减少，爱吃饭菜的婴儿多了起来。

爱吮吸母乳的婴儿已经不再是为了解除饥饿，更多的是对妈妈的依恋。如果乳汁不是很多，应该在早晨起来、晚睡前、半夜醒来时喂母乳。如果已经没有奶水了，就不要让婴儿继续吸着乳头玩。这个月虽然没有面临断奶的问题，但为了以后顺利断奶，可以做些必要的准备。这时要特别注意，不要强硬地断母乳，避免在喂养上和宝宝发生冲突，这样才有利于向完全断奶过渡。

❸ 为断奶做准备

随着宝宝一天天长大，母乳已不能满足宝宝所需的营养成分，母乳分泌量在6个月后减少，质量也降低。专家指出，婴儿断奶以出生后8～12个月为佳，最迟不能超过18个月。如果宝宝能够适应各种辅食，且吃得很好，妈妈可以逐步减少喂奶次数，为断奶做准备。从添加辅食开始，宝宝要开始逐渐适应奶水以外的食物，慢慢习惯用牙齿来咀嚼。在添加辅食的过程中，妈妈可以教宝宝学会使用奶瓶、杯子、小勺等用具。断奶一般是妈妈先停止夜间哺乳，以后再慢慢减去白天上午和下午的哺乳。次数逐渐减少直到完全断奶，是一个自然过渡的过程。吃奶次数的减少，也会降低对妈妈乳头的刺激，减少催乳素的分泌，最终减少乳汁分泌。

💡 提示与建议

1. 接触多种口味的食物，避免偏食。

8～9个月的宝宝对于食物的喜恶逐渐明显起来，如不喜欢吃蔬菜的宝宝，给他喂卷心菜等蔬菜时，他就会用舌头顶出来。偏食是很普通的事情，通常不会持续几周时间以上。如果宝宝偏食，给他其他多种多样的食物。通常来说，味觉越敏感的宝宝，对食物的喜恶就越明显。爸爸妈妈尚且有自己不喜欢的食物，何况宝宝呢？很多宝宝在婴儿期不喜欢的食物，到了幼儿期就喜欢吃了。值得注意的是，爸爸妈妈的饮食习惯和口味对宝宝的影响很大，所以爸爸妈妈要身先士卒，给宝宝做出表率。对于宝宝不喜欢的食物，可以采用多种方法引起宝宝对食物的兴趣。妈妈多花一点心思，可以将食物放在肉馅里或者包在蛋饼里让宝宝吃，还可以切成小块，拌在米饭中或者酱汁里。尽量让宝宝接触多种口味的食物，只有这样，他们才更愿意接受新食物。宝宝不愿意吃的话，多尝试几次，或者过一阵子再试试，但是不要强迫、斥责和责骂。逼迫宝宝吃不喜欢的食物，可能会造成厌食症。

2. 添加辅食需注意几点。

（1）妈妈为了省事，就把辅食和粥放在一起喂。这样不好，应该分开喂，让宝宝能够品尝出不同食物的味道，享受进食的乐趣。

（2）在辅食添加中，爸爸妈妈不能机械照搬书本上的东西，要根据宝宝的饮食爱好、进食习惯及睡眠习惯等灵活处理。

（3）没有千篇一律的喂养方式，添加辅食也是这样。有的宝宝1天只能吃1次辅食，第2次辅食说什么也喂不进去，但能喝较多的牛奶，还吃母乳。妈妈不能强迫宝宝一定要吃两次辅食。

（4）有的婴儿吃1次辅食需要1个多小时，妈妈为了腾出时间带宝宝到户外活动，1天喂1次辅食，不足部分用奶补足，这也未尝不可。

（5）充足的户外活动，要比多给宝宝吃1次辅食更加重要。

3.和爸爸妈妈一起吃时注意的几点。

（1）在烹饪时，要合宝宝的胃口，饭菜要烂，少放食盐，不放味精、胡椒等刺激性调料。

（2）吃鱼时注意鱼刺。

（3）抱宝宝到饭桌上，一定要注意安全，热的饭菜不能放在宝宝身边，宝宝已经会把饭菜弄翻，热汤会烫伤宝宝。宝宝皮肤娇嫩，即使爸爸妈妈感觉不很烫的，也可能会把宝宝烫伤。

（4）不要让宝宝拿着筷子或饭勺玩耍，可能会戳着宝宝的眼睛或喉咙。

（5）有的宝宝就喜欢吃辅食，无论如何也不爱吃奶，那就要多给宝宝吃些鱼、蛋、肉，补充蛋白质。

（三）宝宝餐桌

此时期宝宝进入舌碾期，亦是离乳的初期。宝宝也在此时期开荤，可以添加肉类辅食了。每天可以给宝宝吃一些鱼泥、全蛋（蛋羹）、肉泥、猪肝泥等以补充铁和动物蛋白外，也可给宝宝吃烂粥、烂面条等补充热量。下面介绍几种适合7～9个月宝宝食用的辅食的制作方法，供参考。

骨头汤

原料：猪棒骨两根，姜3～4片，清水、醋适量。

制作方法：将洗净的猪棒骨放入冷水中煮开，捞出，洗净血沫；放到另一锅已经煮开的热水中转小火继续煮（水量要没过棒骨）；放入3～4片姜，滴入一些醋，再熬制两小时，锅里的汤保持汤面微开，直至骨肉酥烂；将拆下的瘦肉和高汤（放凉后撇去浮油）分装入保鲜盒并放入冰箱中备用，冷藏可存放1周，冷冻可存放3个月，随用随取。

说明：熬骨头汤时放入少许醋，以促进钙的释放。

菠菜骨头粥

原料：菠菜泥，骨头汤，免淘洗大米适量。

制作方法：将免淘洗大米放到搅拌机中将米粒绞碎；把熬好的骨头汤兑点水并倒入碎米开始煮粥，煮至米软烂黏稠即可；在煮好的粥中加入菠菜泥。

说明：此粥含丰富的碳水化合物、多种维生素和钙、铁等矿物质。熬煮骨头汤的过程中，加入一两滴醋能更好地保留其营养成分。此粥具有促进骨骼生长发育的功效。

苹果南瓜红枣泥

原料：南瓜160克，苹果120克，干红枣15克，温水适量。

制作方法：将去核洗净的干红枣用温开水泡软后切成小丁；将南瓜去皮切成小块，放入锅里用水煮15分钟，用筷子可以轻松扎透即可；将苹果去皮切块，与红枣丁、南瓜和南瓜水一起倒入搅拌机中搅成泥；上锅将果泥煮沸，晾凉后即可食用。

说明：这道果泥富含钙、磷、铁等矿物质，此外还含维生素A、维生素$B_1$$B_2$及胡萝卜素等多种维生素和蛋白质、脂肪、碳水化合物，具有补钙、抗佝偻病、预防缺铁性贫血的作用，还有健脾胃、补气血的功效。

胡萝卜鸡肝泥

原料：胡萝卜半根，鸡肝4块，清水适量，香油少许。

制作方法：除去鸡肝里的筋膜、杂质后用清水浸泡两小时，除去里面的血水；放入水中煮开后10分钟左右到用筷子轻松插入不见血丝；取出鸡肝用小勺碾成泥；将洗净切块的胡萝卜，加少许水煮熟后放入搅拌机打成泥；在胡萝卜泥中加入鸡肝泥，加入两滴香油搅拌均匀即可。

说明：含丰富维生素、锌、铁等矿物质和膳食纤维等营养成分，不仅能促进宝宝的生长发育，增强免疫力，还有明目的作用。

鱼肉泥

原料：鳕鱼肉100克，姜两片，料酒1大勺，食用油和盐各少许。

制作方法：将鳕鱼块去鳞，加上料酒和姜片腌10分钟后放入蒸锅蒸15分钟；待鱼肉冷却后，挑去鱼皮和鱼刺，留下鱼肉用叉子捣

成泥；在锅中加入少量的植物油，油热后加入鱼肉泥炒成糊状后加入一点点盐即可。

说明：鳕鱼含丰富蛋白质、维生素 D、钙、镁、硒等矿物质，营养丰富。鳕鱼的肉质十分细腻，又没有细刺，比较适合宝宝食用。还可以选用其他肉质细嫩、肉多刺少的鱼类制作鱼泥。

虾皮豆腐

原料：内酯豆腐，虾皮粉。

制作方法：将虾皮用无油的干锅中火焙 3 分钟，然后晾凉；将焙好变脆的虾皮放入搅拌机中打成细粉；将虾皮粉放入密封瓶中保存，吃时用干净的勺取用；在适量的豆腐上撒上适量虾皮粉。

说明：豆腐含有优质的蛋白质、磷脂、丰富维生素 B_1B_2、钙、铁等营养物质，与含有丰富蛋白质、钙、铁、磷、镁等矿物质和维生素的虾皮搭配在一起，做到蛋白质的互补，使营养更丰富。这道含钙很高的辅食对促进骨骼生长发育非常有益。

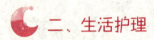

二、生活护理

7～9 个月的宝宝，好奇心非常强，爬行能力和精细动作显著增强，他喜欢通过自己的努力探索周围的世界。爸爸妈妈应根据本阶段宝宝的身心发展特点，有针对性地进行生活护理，既方便宝宝探索世界、锻炼能力，又能帮助宝宝形成有规律的生活习惯。

（一）吃喝

❶ 更换二段奶粉

6 个月后，吃奶粉的宝宝该换吃二段奶粉了。每个阶段婴儿奶粉的成分和含量都不一样，所以色泽和口感也有些差别。而且，由于宝宝的肠胃及消化系统还不完善，更换不同阶段的奶粉或不同牌子的奶粉就容易使宝宝的大便出现问题。那么，怎样做才能降低这种风险呢？

逐步减少一段奶粉的量。如宝宝现在喝3勺奶粉的量，那么，就给宝宝用两勺一段奶粉配上1勺二段奶粉，如果没有影响的话，那么就用这种配比方法给宝宝连续喝3～7天。如果宝宝大便变干或有些便秘，就注意多给他喝些果蔬水或白开水，多吃些青菜、胡萝卜等。如果便稀，就先等大便恢复正常后，再尝试用两勺半一段奶粉配半勺二段奶粉。等宝宝适应这种配方后，可以逐步添加二段奶粉的量，直到他慢慢地全部改喝二段奶粉。只要妈妈多留心，仔细观察和护理，就能让宝宝少受罪，爸爸妈妈少担心。

❷ 培养良好的进餐习惯

对主动性和用手能力逐渐增强的7～9个月的宝宝来说，学习用杯子喝水、练习用勺吃饭都是培养宝宝进餐能力和良好进餐习惯的非常好的契机。喂宝宝吃饭时，可准备两把勺子，宝宝拿一把学吃，另一把成人拿来喂食，尽可能一次喂完。宝宝开始学拿勺还不够熟练，可能会弄得到处都是，甚至会摔破碗，但对宝宝来说，他正在努力地学习自我服务，爸爸妈妈没有理由剥夺宝宝的学习机会。

宝宝的进餐习惯，源自于爸爸妈妈有意识地培养。首先，和爸爸妈妈同坐在餐桌旁共同进餐，不仅亲子共乐，爸爸妈妈不挑食、不偏食的榜样示范，也会帮助爱模仿的宝宝养成定时、定量、固定地点的良好进餐习惯，使宝宝保持稳定、规律的生理节奏，同时也有利于宝宝形成内在条件反射，保证消化系统的正常运行。其次，应注意培养宝宝的卫生习惯。进餐前应先用香皂或洗手液给宝宝洗净小手，然后给宝宝戴上围嘴，同时拿一块潮湿的小毛巾备用。另外，不要让宝宝边吃边玩。只有让宝宝集中注意力吃饭，宝宝才能尝到食物的美味，增进食欲，促进消化吸收，宝宝的身体才能更棒。

（二）拉撒

❶ 把尿不要过勤

有些爸妈将给宝宝成功把尿、把便视为自豪的事，但是要知道，1岁半以内的宝宝控制不了尿便是很正常的事。即使宝宝很配合您的动作和口哨，也应注意：

（1）把尿不能过频，否则容易造成宝宝以后尿频的毛病。一般1.5～2小时把 1 次，吃奶后半小时一般有 1 次小便。

（2）夏天宝宝身体的水分由汗液排出一部分，所以，夏天尿量少些，把尿更不能太勤。

（3）观察宝宝尿前反应如暂时的打激灵，突然愣神等，捕捉到宝宝尿前反应后再把尿。

❷ 培养坐盆排便的习惯

宝宝已经坐得很稳，并且有了一定的排便规律，本阶段可着手帮助宝宝适应坐便盆的排便方式。便盆宜放在固定地点，若发现宝宝有发呆、停止游戏、扭动两腿、神态不安等现象时，应及时让他坐盆。开始坐盆时每次 2～3 分钟，若不解便就抱下来，再注意观察，发现宝宝有便意时再试，不要将宝宝长时间放在便盆上。如果 1 天排大便 1～2 次，或隔天 1 次，接大便的任务是比较好完成的。但需注意的是：

（1）坐便盆的时间不能超过 5 分钟，否则容易脱肛。

（2）坐便盆时，不要给宝宝吃东西或玩玩具，否则他误以为坐便盆就是玩耍。

（3）便盆用过 1 次清洗 1 次，且需每天开水烫洗。

（三）睡眠

这个阶段，大部分宝宝晚上能睡整觉了。总睡眠时间每天 14 小时左右，白天需要两次小睡。不同宝宝的睡眠时间、睡眠方式存在个体差异，只要白天醒的时候精神好、食欲佳、生长发育正常，而且跟家人互动时反应灵敏，就没问题。

❶ 培养良好的睡眠习惯

宝宝半岁后，妈妈该把更多的精力从护理宝宝的吃喝拉撒上转到培养宝宝良好的睡眠习惯上，这样不仅利于宝宝的健康成长，也会让妈妈更省心、更省力。

（1）每天固定宝宝睡觉前的常规事情，暗示宝宝"我们要睡觉啦"。比如，每天都在大约固定的时间洗澡、翻看图书、吃奶、唱催眠曲、道晚安。大约 3 周时间宝宝就会养成乖乖睡觉的好习惯。

（2）切忌宝宝一哭就立即哄抱，以免养成闹觉的毛病。宝宝哭时，先用语言回应他，然后轻轻哼唱他熟悉的催眠曲。如无效，还可尝试把他的双手放在胸前帮他有被拥抱的感觉以便他渐渐入睡。此外，还可以将每次回应的时间渐渐延长，如今天他哭闹两分钟再回应，明天哭闹3分钟再回应。慢慢地，宝宝就能自己入睡了。

（3）不要让宝宝含着乳头睡觉或频繁地用乳头哄睡。否则，会养成宝宝夜间频繁哭闹吃奶的坏习惯，既影响宝宝睡眠，也影响爸爸妈妈休息，还不利于宝宝成长。

❷ 晚上睡觉要关灯

有些爸爸妈妈为了晚上给宝宝喂奶、换尿布方便，长期开着灯睡觉。殊不知，如果人工光源长期刺激，会使宝宝躁动不安、情绪不稳、睡眠不实。此外，还使宝宝眼睛处于疲劳状态，容易损伤视网膜和视力。以视力发育为例，据报道，睡觉时居室内开着小灯的孩子有30%成了近视眼，而在灯火通明的环境中睡觉的孩子近视眼的发生率则高达55%。

（四）其他

❶ 给宝宝选择合适的爬行服

宝宝开始四处探索这个世界了，若宝宝大小便已经形成了一定的规律，活动时可不用包纸尿裤。可给宝宝穿上背带式的满裆裤或开襟式的连身衣，既美观大方，又能防止泌尿道感染。因为宝宝的活动量增大，衣服太厚、太紧、太多都会影响爬行动作，一般而言，宝宝穿衣可比爸爸妈妈少一件。另外，应给宝宝穿上防滑的袜子。

❷ 宝宝出牙的护理

一般情况下，宝宝6～8个月开始萌出乳牙，也有4个月开始萌出牙齿的孩子，晚的可达10～12个月牙齿才开始萌出，12个月仍未萌出者为出牙延迟;2～2.5岁出齐。全副乳牙共20颗。乳牙萌出时间个体差异大，与遗传、内分泌、食物性状等因素有关。

出牙期的宝宝，脾气变得比较暴躁，不易安抚，常常哭闹，这更需要来自爸爸妈妈的呵护及关怀，同时要注意实施预防蛀牙三件事：少吃甜食、清洁牙齿和多喝白开水。

随着宝宝牙齿增加，每次给宝宝喝完奶及吃完辅食后，可以加喂几口白开水，以冲洗口中食物的残渣。也可以将干净的纱布打湿后帮宝宝擦拭牙龈。乳牙长出后，必要时需要用牙线帮助宝宝清洁牙缝。

为了缓解宝宝出牙时的不适，爸爸妈妈须准备一些专为出牙宝宝设计的磨牙饼干，或者亲自制作一些手指粗细的胡萝卜条或西芹条，让宝宝啃咬。

另外，要经常带宝宝去户外晒太阳，以便促进钙的吸收，使宝宝的牙齿变得更加坚固。

原来不流口水的宝宝到了出牙期，也开始流口水了。要为宝宝多准备几个小围嘴，湿了要及时更换，以免潮湿的围嘴浸坏了宝宝的下颌和颈部皮肤，长出湿疹。有的宝宝流口水比较严重，下颌总是湿湿的，把皮肤都淹了，可以用清水洗净下颌后，涂一点香油，能够保护皮肤不被口水浸破。宝宝流口水不需要药物治疗。

有些疾病如佝偻病、营养不良、呆小病、先天愚型等，会导致宝宝出牙延缓、牙质欠佳。因此，爸爸妈妈要随时观察宝宝的出牙及牙齿情况。

各月龄宝宝乳牙数＝月龄－4（或6），如8个月的宝宝乳牙数应为2～4颗。

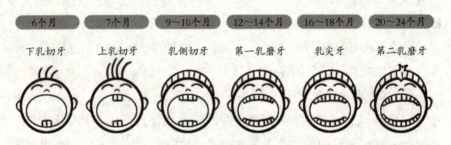

乳牙一般可存在到6岁左右，6岁以后开始逐渐松动脱落，被第二副牙齿即恒牙所替代

乳牙萌出的时间和顺序

❸ 给宝宝喂药的技巧

由于宝宝6个月以后从母体里带的免疫物质和从母亲初乳里获得的免疫物质都消耗殆尽，而宝宝自身的免疫力还未建立起来，所以6个月以后的宝宝容易生病。

宝宝生病，爸爸妈妈最头痛的就是喂药了。但只要掌握了一些小技巧，给小宝宝喂药并不像想象中那么难。首先，在喂药前，先用高温蒸汽或开水消毒喂药用具，还要给宝宝带好围嘴，防止药物溢出弄脏衣服。喂药时，采用和喂奶一样的姿势，将宝宝抱在怀里。

（1）最好用小勺子喂药，慎用奶瓶喂苦药。否则，容易让宝宝把吃药的不愉快经历和吃奶、喝水联系起来，造成以后拒绝用奶瓶。

（2）对于粉状或需研磨成粉状的药剂，爸爸妈妈尽量用少量水化开，争取让宝宝只吃一口就解决问题。

（3）不要把药倒在味觉灵敏的舌面上，最好每次盛小半勺药水放入宝宝口腔2／3时再慢慢倒下去。药水倒完后，小勺暂不拿出，避免宝宝吐出药水。待宝宝吞下后，才拿出小勺，之后可以适量喂些糖水。最后，喂些温开水，将宝宝口腔中的药液冲干净。

（4）也可给宝宝准备些果汁，用勺喂的过程中，逐次间隔加一勺药，然后紧接着再喂果汁。让宝宝在还没有弄明白怎么回事的情况下就已经完成了喂药。

为防止宝宝吐药，喂药后应将宝宝立起，轻轻拍其背部，防止反胃、呕吐。注意不能将药和牛奶、奶水混在一起喂，避免降低药效。

❹ 慎用学步车

学步车是有轮子的椅子，宝宝可以一边走动，一边推动着车子四处走。一般都认为，在宝宝会坐以后，使用学步车可以更快学会走路。把宝宝放在学步车里，妈妈可以放心地去做其他事情或者休息片刻。的确，使用学步车，能够扩大宝宝的活动范围，增多使其产生好奇心的东西，对精神方面的发育有所帮助。但是这对宝宝的身体发育没有什么帮助，还可能会推迟宝宝学习走路的过程。使用学步车时，宝宝脚尖轻轻一点，脚跟不用力，就可以向前滑行，久而久之，宝宝走路就是前脚掌着地的踮着脚尖走的姿势，要矫正成正常走路姿势就不那么简单了。学步车能保护宝宝不会摔倒，但是也使宝宝失去了对平衡能力、身体协调能力的锻炼。宝宝被困在学步车的方框里，身体四周都有保护，可以横冲直撞。一旦不借助学步车，宝宝就会重心不稳，走路速度过快，一副随时往前冲的样子。有宝宝 5 个月时就会坐，使用学步车后，学会走路的时间反而晚于不用学步车的宝宝。失去学步车的辅助，宝宝总是害怕摔倒，即使实际上他们已经学会走路，但就是心理上害怕。过早地让宝宝使用学步车，不利于脊椎的发育，还会发生安全事故。要注意，使用学步车容易使宝宝触摸危险物体或者发生遇到阻碍翻倒等危及宝宝安全的情况。用学步车的时间越长，宝宝的运动能力延迟就越明显。专家提醒，不要在 10 个月以前使用学步车，即使使用，也要限制时间，避免长时间使用。

💡 提示与建议

1. 要知道，7～8 个月的宝宝还不具备控制大便的能力，即使能把大便排在便盆中，也不能说明已经成功地训练了宝宝的排便能力，以后还是要重新开始。所以，当周围的妈妈说她的宝宝已经会在便盆中排大便了，自己的宝宝还不行，也不要着急。

2. 有些宝宝晚上睡觉的时候会翻身、哭闹，甚至会坐起来，通常，短暂醒来的宝宝并没有真正醒来，可以通过抚摸、轻拍来安抚，让其再次自行转入深睡眠。注意：不要开灯，也不要和宝宝说话，更不要去抱宝宝，这些动作反而会将宝宝完全弄醒。

3. 若是在阳光比较强烈的夏天，带宝宝外出玩耍时须注意防晒，只要在户外停留时间超过 15 分钟以上就需注意防晒。在外出前 30 分钟，应给宝宝涂抹防晒系数 SPF15 以上、适合宝宝使用的防晒用品，帮宝宝戴帽子并穿浅色衣服，尽量不要在上午 10 点到下午两点太阳直射时出门，活动时间不要太久，并且注意补充水分。

 三、保健医生

（一）常见疾病

6个月内的宝宝很少得急性传染病（百日咳除外），这是因为宝宝还在母腹中时，妈妈就通过胎盘向宝宝输送了一些抗感染的免疫球蛋白，母乳中也含有大量的免疫因子。然而，到6个月时，这些抗感染物质，因分解、代谢逐渐下降甚至全部消失，而宝宝自身的免疫系统还没发育成熟，免疫力较低，较容易受到疾病的感染。

❶ 幼儿急疹

幼儿急疹多见于1周岁以内的婴儿，四季均可发生，一生中感染两次以上者极少见。其临床表现是起病急，高热达39℃～40℃，持续2～4天自然骤降，精神即刻好转。它的特点是烧退疹出。皮疹多不规则，为小玫瑰斑点，也可融合一片，压之消退。先见于颈部及躯干，很快遍及全身，腰部及臀部较多。皮疹在1～2天内消退，不留色素斑。该病在出疹前可有呼吸道或消化道症状，如咽炎、腹泻，同时颈部周围淋巴结普遍增大，这对幼儿急疹的诊断很有意义。

幼儿急疹尚无特效药治疗，抗生素治疗无效。只需对症处理，高热、烦躁或易惊跳时，可用退热镇静剂或温湿敷；注意补充水分，多喝水、菜汤、果汁等；保持皮肤的清洁卫生，经常给宝宝擦去身上的汗渍，以免着凉；让患儿休息，室内要安静，保持空气流通，被子不能盖得太厚、太多；吃流质或半流质食物。

❷ 高温惊厥

惊厥，俗称"惊风""抽风"，是婴幼儿时期常见的急症，特别是3岁内的婴幼儿更为多见。婴儿神经系统发育不完善，大脑皮质的抑制功能差，神经髓鞘发育不成熟，一旦外界刺激（如上呼吸道感染发病的高热等），兴奋容易扩散，就会引起惊厥。随着年龄增大，发病会逐渐减少。此病常见于6个月～3岁的婴幼儿，惊厥出现在热度突然上升的时候多，一般惊厥的时间自

数分钟到十多分钟。

在家遇到高热惊厥如何紧急处理?

宝宝在家出现高热惊厥时,爸爸妈妈必须沉着镇静,不要大声喊和晃动孩子,更不要将宝宝紧紧抱在怀里,应立即将宝宝放于床上,不用枕头,解开衣服。

(1)止惊。爸爸妈妈可用拇指尖压紧"人中"穴(鼻唇沟中间)及"合谷"穴(手背部的虎口处)。

(2)保持呼吸道畅通。注意将宝宝头颈后仰,头偏向一侧,以免堵塞咽喉。口中如有糖果等异物,应及时从口中取出,防止吸入气管。惊厥发作时,不要喂药,以免吸入气管。

(3)防止意外发生。对已出牙的宝宝要防止咬破舌头,爸爸妈妈可用干净的手帕或布包裹筷子或牙刷把,放在孩子的上下牙齿之间,但在孩子牙关紧闭时不可强行插入。惊厥发作时,也不可强行按压肢体,以免引起骨折。

(4)降温。居室保持安静,空气流通,可采用各种条件降低室内温度;同时应用冷毛巾或冰袋冷敷头部或腋窝下,如果孩子出现打寒战、面色苍白或呼吸异常时,应立即停止降温。降温 0.5 ～ 1 小时后测体温。

(5)待情况稳定,紧急送往医院就诊。

❸ 荨麻疹

荨麻疹是一种常见的儿科过敏性皮肤病,也就是俗话说的"风疹"。由于荨麻疹大多数为急性发作,持续数小时或数天,发作与消失都非常快,来去如风,因此得"风疹"之名。

荨麻疹发生的原因很多,其中,有一大部分是因为过敏源引起的。常见的荨麻疹过敏源包括:食物性过敏源,如鱼、虾、螃蟹、巧克力、蛋、酒精、食物添加剂及保存剂等;药物性过敏源,如青霉素、退烧药、血清、疫苗等;吸入性过敏源,如霉菌、花粉、病毒等;物理性过敏源,如冷、热、压力、阳光等;其他如遗传性、心理性、血管神经性、接触不明物质等过敏源。爸爸妈妈首先应尽量避免让宝宝接触到过敏源。

日常生活中,爸爸妈妈还要经常帮助宝宝锻炼皮肤,适当用冷水冲洗,平日所穿衣物保温即可，不需太过暖和，这样使皮肤接受到合理的物理性刺激，以防止自律神经过敏性亢进。

运动不见得会根除过敏发作，但是，增强宝宝的体力能减少过敏次数。游泳即是一个很好的锻炼项目。

（二）健康检查

宝宝9个月时进行第4次健康检查。除了进行动作发育的评估外，还进行视力、牙齿的萌出情况、骨骼发育状况等。

另外，最好检测一下体内的微量元素，此时孩子易缺钙、缺锌。缺锌的孩子一般食欲不好，免疫力低下，易生病。若有相应状况，应及时采取措施补充。

（三）免疫接种

时　间	疫苗	可预防的传染病	注意事项
8个月	麻疹疫苗（第1针）	麻疹	麻疹疫苗的反应比较特殊，通常在打完后第5～12天有发烧的情况。麻疹疫苗的发烧反应是普遍现象，常在38℃左右。体温不超过38.5℃时不用去医院，多喝水即可。发烧退后，还可能出现红疹子，爸爸妈妈不用过分担心，红疹会自行消退
	乙脑疫苗	流行性乙型脑炎	
9个月	A群流脑疫苗（第2针）	流行性脑脊髓膜炎	

💡 **提示与建议**

1. 此年龄段健康观察重点及处理方式。宝宝来自妈妈的抗体减少，所以较容易受到疾病的感染，应定期进行健康检查，按计划及时进行预防接种，合理喂养并加强大肌肉运动的体能训练，注意个人卫生，少带宝宝到人多而杂的公共场所。如果出现以下健康问题，除了配合医生治疗外，可以参考以下的观察重点及处理方式。

（1）发烧：使用体温计正确测量体温；多喝水；减少被盖及衣物；使用温水擦澡；若出现不喝奶、脱水或呼吸困难的现象需就医。

（2）耳朵感染：出现拉或揉耳朵的动作或碰他耳朵时会痛；有发烧等感冒症状、耳朵流出分泌物、听觉减弱、焦躁、进食困难；注意配合医生使用药物，勿随便停药；平常不要清洁耳道内部，以预防感染。

（3）腹泻：水样便，排便次数增加。多摄取水分；减少喂食浓度；若发现便中带血、发烧、食欲差或拒食、脱水时，要及时就医。

（4）便秘：排便困难，排便次数减少，粪便干硬。以肛温计涂上凡士林后轻轻插入肛门中刺激；增加纤维质摄取；喝稀释的果汁；若出现严重腹痛或呕吐则需就医。

2.防止蚊虫叮咬。如果是在夏季，7个月的宝宝没有接种乙脑疫苗，所以有感染乙脑病毒的危险。蚊虫叮咬是传播乙脑病毒的主要途径，所以爸爸妈妈要为宝宝做好防蚊虫叮咬的措施。

3.痱子化脓。宝宝长痱子后，如果被抓破，感染化脓后形成脓包，可能会引起宝宝发热。脓包也会出现疼痛，宝宝会为此哭闹。这种情况应及时治疗，建议给宝宝涂用莫匹罗星软膏。

4.宝宝噎食如何预防与抢救。预防噎食，爸爸妈妈要特别注意食物的处理，如肉应切碎、剁碎、撕碎或切片；水果可以捣碎或切成小片。应避免给宝宝吃一些难以嚼咽的食物，如葡萄、坚果、硬糖、鱼丸和爆米花等。给宝宝喂食时，要营造安静的环境，以避免宝宝情绪太急躁、激动，或者笑闹过度。同时，要培养宝宝良好的就餐习惯，吃饭应静静坐下，不可边跑边吃。宝宝一旦噎食，爸爸妈妈进行急救可参考以下步骤。

第一步：将宝宝面朝下放在前臂上，固定住头和脖子。对于大一些的宝宝，可以将宝宝脸朝下放在大腿上使他的头比身体低，并得到稳定的支持。

第二步：用手腕迅速拍肩胛骨之间的背部四下。

第三步：如果宝宝还不能呼吸，将宝宝翻过来躺在坚固的平台上，仅用两根手指在胸骨间迅速推四下。

第四步：如果宝宝依然不能呼吸，用提颚法张开气管，尝试发现异物。看到异物之前不要试图将其取出。但如果看见了，用手指将其取出。

第五步：如果宝宝不能自己呼吸，试着用嘴对嘴呼吸法或者嘴对鼻呼吸法两次，以帮助宝宝开始呼吸。

第六步：继续1～5步，同时拨打急救电话。

第三节 促进7～9个月宝宝的发展

 一、动作发展

（一）动作发展状况

转体和移动是7～9个月宝宝动作发展的重点。

❶ 不对称动作的发展

6个月时，宝宝的对称姿势发育结束，掌握了自身的平衡，之后开始了不对称动作的发展，如爬着晃动身体、扭腰转动身体等转体和位移的活动。

❷ 交替动作出现

此阶段，进入爬行关键期。宝宝独坐已经非常稳定，他可用一只肘支撑，一只脚放在骨盆前，为进入活动状态做准备，当宝宝开始出现俯卧、侧卧、坐的姿势变化时，爬行就开始了。同时，扶站时，宝宝的双腿有意识地做交替动作（迈步动作）。爬行和迈步都是移动的发展。

（二）动作训练要点

❶ 爬行训练

爬行不仅可以促进宝宝的生长发育，还能使宝宝动作灵敏、情绪愉快、求知欲大大提高、学习能力增强，可见，宝宝的爬行运动非常重要。爬行运动不仅可以锻炼宝宝的四肢耐力，而且能增强大脑的平衡与反应联系，而且这种联系对宝宝日后学习语言和阅读会有重大的影响。爸爸妈妈一定要让宝宝充分地练习爬行，由之前的蠕行过渡到匍匐爬行，再到手膝爬行。

❷ 姿势转换训练

宝宝能够自由坐玩，且能完成从坐到爬、从爬到坐的姿势转换，训练在重心改变的情况下保持身体不倒，这有助于宝宝平衡能力的发展，是站和走的基础。

（三）健身活动

【游戏一】

名称：宝宝健身操（7个月以上）

目的：锻炼上、下肢及腰背部肌肉力量，促进全身动作协调发展。

注意事项：

（1）进食后1小时左右进行。

（2）每日1～2次，可配合空气浴。

（3）固定一首新乐曲播放，节奏舒缓、明朗。

（4）在爸爸妈妈扶助下，有部分主动动作。

（5）循序渐进，每次选做1～2节，逐渐增加节数。

（6）每节重复两个8拍。

（7）要说出口令"1、2、3、4、5、6、7、8，2、2、3、4、5、6、7、停"。

方法：

第一节　扶双臂起坐运动

预备：宝宝仰卧，爸爸两手握宝宝手腕，宝宝握爸爸拇指，手放在宝宝体侧。

动作：

1. 拉直两臂与床面垂直

2. 拉宝宝坐起

3. 放宝宝躺下

4. 还原

注意：要有固定的前奏，拉坐前爸爸喊口令："预备——齐"，目的是让宝宝做好腕部和身体的准备，以防突然牵拉腕部发生脱臼。开始拉宝宝坐起时应让宝宝自己用力，爸爸不能过于用力。

第二节　扶单臂起坐运动

预备：宝宝仰卧，妈妈右手握住宝宝左手腕，宝宝握住妈妈拇指，再用左手按住宝宝双膝。

动作：

　　1. 拉宝宝坐起

　　2. 还原

　　（左右手轮换做）

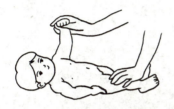 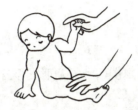

第三节　腰部桥形运动

预备：宝宝仰卧，爸爸右手托住宝宝腰部，左手按住宝宝双足踝部。

动作：

　　1. 托起腰部，使宝宝腹部挺起成桥形

　　2. 还原

注意：托起腰部时，宝宝头部应不离床（桌）面。

第四节　握腕跪起直立运动

预备：宝宝俯卧，妈妈在宝宝背后两手握住宝宝腕部。

动作：

　　1. 扶宝宝跪直

　　2. 扶宝宝站立

3. 扶宝宝跪直

4. 还原

注意：宝宝跪直后应让他自己用力站起。

第五节　提腿运动

预备：宝宝俯卧，两肘支撑身体，爸爸双手握住宝宝的双腿。

动作：

　　1. 提起宝宝双腿约 30 度

　　2. 还原

注意：提起宝宝双腿时动作要轻柔、缓和，要让宝宝两手用力支起头部。

第六节　扶肘起立运动

预备：宝宝俯卧，爸爸在后两手握住宝宝两臂肘部。

动作：

　　1. 扶宝宝站起

　　2. 还原

注意：扶宝宝站起要逐步让他自己用力。

第七节　弯腰运动

预备：宝宝与妈妈同一方向直立，妈妈左手扶住宝宝两膝，右手扶住宝宝腹部，并在宝宝前方放一玩具。

动作：

　　1.让宝宝弯腰前倾，捡起玩具

　　2.直立还原

注意：让宝宝自己用力前倾和直立，若前倾后不能直立，妈妈可将左手移到宝宝胸部，帮助他直立。

第八节　跳跃运动

预备：宝宝与爸爸面对面站立，爸爸双手扶宝宝腋下。

动作：

　　1.扶起宝宝离开床（桌）面

　　2.还原

注意：扶宝宝跳跃的同时说"跳、跳"，动作要轻快自然，让宝宝的脚前掌着床（桌）面为宜。

【游戏二】

名称：独坐练习

目的：锻炼头颈腰背肌肉。

方法：扶宝宝正中位坐稳后放开双手，并在一旁随时保护，如果宝宝独坐片刻后倒下，妈妈用一手扶住快倒下的宝宝将他重新扶到正中位，如此反复。

当宝宝可以独坐较为稳当之后，妈妈在宝宝两侧一臂之外的地方放置玩具，逗引宝宝变重心前往够取，够着后再回原位。如此反复几次。

注意：在宝宝上身不停摇摆时，尽量不要扶住宝宝，而是在一旁保护。宝宝每摇摆一次，就增加一次重心控制能力，逐步就会掌握好平衡。

【游戏三】

名称：手膝爬行

目的：训练四肢力量和爬行能力，发展空间知觉。

方法：如果宝宝此时还是匍匐爬行的状态，爸爸可以用一条毛巾提起宝宝腹部，使体重落在手和膝上，开始手膝爬行。每天坚持这样做，直到宝宝可以手膝着地，腹部离开地面爬行。

等宝宝能手膝爬行后，还可以让爸爸平躺在地上做"高山"，妈妈和宝宝面对面，在爸爸两侧，鼓励宝宝爬过"爸爸山"。

【游戏四】

名称：小飞机

目的：锻炼背部和肩部的肌肉力量，刺激宝宝前庭器官，促进空间知觉发展。

　　方法：妈妈仰卧在床上，两脚向上举起，让宝宝趴在妈妈弯曲的胫骨上，妈妈两手紧托住宝宝的腋下。妈妈将两腿弯曲，宝宝身体随之下降；妈妈将两腿向上伸直，使宝宝的身体上升。宝宝在空中一升一降，好似飞机的升降。

　　一边配合飞机的"隆隆"声或说一首儿歌："小飞机、飞得高，飞过高山，飞过海洋；飞到宝宝家停下来，降落喽！呜——。"

二、智力发展

（一）智力发展状况

❶ 客体永存概念不断发展

　　瑞士发生认识论提出者皮亚杰认为，9个月大的宝宝刚好发展客体以及客体永存性的概念。宝宝开始逐渐意识到，眼前不见的东西还存在于某处，有明显的藏、找行为。

❷ 达到了咿呀语的高峰期

　　9个月，宝宝的咿呀语达高峰，这时宝宝可以发出一连串有节奏的语调，而且是不断加以重复的声音，如 ma-ma-ma，ba-ba-ba 等类似爸妈的单音。这些声音是自由自在的发音，对宝宝毫无意义。他们只是以发音作为游戏而感到快乐。咿呀语可以持续 6～8 个月。在咿呀语的高峰阶段，宝宝开始懂话，能够进行语言模仿，是宝宝学习说话的萌芽状态。

❸ 宝宝对词语的理解优先于对词语的表达

　　8～9 个月的宝宝开始词语的理解，宝宝懂得和理解的词多于他们实际会说的词，也就是词的理解比词的产生发展得早一些，迅速一些。

（二）智力开发要点

1 鼓励探索新环境

学会坐和爬行的宝宝，随着空间位置的移动，探索欲望空前高涨。当宝宝在爬行中遇到不认识的、不能确定其意义的事物时，对陌生的情境往往举步不前，出现迟疑反应，一般会停止行动，观望爸爸妈妈，企图从爸爸妈妈那里得到肯定或否定、继续前进或停止的信息，所以，爸爸妈妈的鼓励尤为重要。宝宝会据此判断事情的安全性，决定行动是否继续。

宝宝还不会说话的时候，他们与爸爸妈妈交往，靠的不是语言而是情绪，他们从爸爸妈妈的表情和声音中认识事物的性质，从而发展他们的情绪种类。而身体位移能力促使他们对周围的事物更多地进行探索，与周围的人更多地进行交往，宝宝的行为更多地被社会化。

2 抓住语音学习敏感期的契机，帮助宝宝理解语意

当宝宝自动发出"爸爸""妈妈"等重复音节时，说明他已步入了学习语音的敏感期，爸爸妈妈要敏锐地捕捉住这一教育的契机，帮助宝宝理解语意。

宝宝第一次叫"爸爸""妈妈"，对年轻的爸爸妈妈来说是个激动人心的时刻。7个月的宝宝不仅经常模仿你对他发出的双辅音，而且有50%～70%的孩子会自动发出"爸爸""妈妈"等声音。开始时，他还不懂得语意，但只要你一旦发现他发出"爸爸"的声音，你就立刻让他的脸朝向爸爸，用你的手指着爸爸，并模仿他"爸爸"的声音。渐渐地，当你说"爸爸"时，他就会朝爸爸看；用同样的方法，当你说"妈妈"时，他就会转向妈妈一方。于是，宝宝就将语音与语意结合起来，知道双辅音爸爸或妈妈的实际含义是什么了。从此，宝宝就可以正式开口叫人了。

（三）益智游戏

1 手眼协调

【游戏一】

名称：积木对对碰

目的：锻炼双手的配合及手眼协调的能力。

准备：塑料或木质积木。

方法：

（1）将积木在宝宝面前一块块出示，如同变戏法样，吸引宝宝。

（2）两手各拿一块积木对碰演示给宝宝看，可以有节奏地配合着儿歌对碰来打节奏。

（3）给宝宝两块积木，鼓励他也这样做。

（4）也可以用小瓶或碰钟来玩同样的游戏，上碰碰、下碰碰、左碰碰、右碰碰、前碰碰、后碰碰，以增加游戏的趣味性。

提示：选择的积木最好是宝宝的手拿着正合适，过大，宝宝握不住；过小，对碰的面积小，不易发出声音。

【游戏二】

名称：生活中的小洞洞

目的：发展手部小肌肉和手指的控制能力。

准备：硬纸盒、彩笔、小算盘、按键琴或其他指拨或按键的玩具。

方法：

（1）自制一个练习抠洞的硬纸盒：纸盒上面贴上有趣的图画或画上小动物的脸，在上面开一个个的小洞，爸爸妈妈把手指伸进洞中，鼓励宝宝也这么做。

（2）爸爸妈妈协助宝宝，引导他拨弄玩具，如小转盘、小按键琴、算盘珠等，使玩具转动或发出响声，引起他拨弄的兴趣。熟悉后，让他自己拨动着玩儿。

（3）当宝宝模仿着爸爸妈妈去做或自己弄出声响时，要及时地鼓励他："听！多清脆的声音啊！"或者"宝宝的手指真灵巧！"

提示：在纸盒上开的小洞要稍大于手指。

❷ 感知探索

【游戏一】

名称：认物与找物

目的：理解语言，认识物品，训练记忆力和解决简单问题的能力。

前提：听到物品名称会注视。

准备："百宝箱"——用1个大一些的纸箱或塑料桶，内装10～20个大小不同、形状不一的小东西（如乒乓球、小圆盒、小娃娃等）。

方法：

（1）把宝宝熟悉的几件玩具或物品放在他面前，先说出玩具的名称，再把它拿起来给宝宝看或摸，然后放进一只小篮子或小盘里；放完后，再边说边把玩具一件件从篮子里拿出来；

（2）从中挑出几件，隔一定距离放在他面前，说出其中一件的名称，看他是否看或抓这件玩具；

（3）当面把一件玩具藏在枕头底下（开始可藏一只能自动发声的玩具，如闹钟），或者将玩具熊或娃娃用被子盖住大部分，露出小部分，让他用眼睛寻找或用手取出，找到后将玩具给他继续玩，作为鼓励。

【游戏二】

名称：借物取物

目的：理解事物之间的逻辑关系，发展解决问题的能力。

前提：会抓住小绳子，模仿动作。

方法：

（1）让宝宝坐在桌旁的小椅子上，桌面上放一件他喜爱的玩具，但伸手够不着。当宝宝疑惑不解地看着爸爸妈妈时，爸爸妈妈把一根绳子系在玩具上，看他是否知道拉绳子取玩具。

（2）在一块桌布的一端放上宝宝喜欢的玩具，爸爸和宝宝坐在另一端，引导宝宝拉桌布够取玩具。

提示：爸爸可以做示范，让宝宝模仿。多次重复这种游戏，不断变换绳子的颜色，放上不同的玩具。

【游戏三】

名称：反复扔物

目的：培养因果关系的理解能力，提升宝宝的探索欲望。

方法：爸爸妈妈为宝宝准备摔不烂的玩具，如皮球，观察宝宝是否可以将玩具捡起来又扔出去。爸爸妈妈也可以示范给宝宝看："捡起来了，咚——掉了。"逐渐地，宝宝便会学会成人的动作。

提示：每个宝宝都有一个扔东西的敏感期，爸爸妈妈不要去阻拦宝宝，而是要给宝宝机会探索，当然要有原则，什么东西可以扔，什么东西不可扔。

❸ 语言

【游戏一】

名称：我的名字

目的：对自己的名字有反应，爸爸妈妈一叫就会转头去看，说明宝宝已经记住了自己的名字，并理解了名字与自己之间的联系。

准备：宝宝精神愉悦的时候。

方法：

（1）常常呼叫宝宝的名字是必要的，正面、背面、近距离、远距离，尽量从各个角度去叫他。

（2）如果宝宝对自己的名字没什么反应，就配合一些动作。比如，在他背后拍一下，然后再呼叫他；也可以在他腿上轻轻抠几下，等待他抬起头来看时再呼叫他。常叫的话，宝宝很快就能确认自己的名字。

（3）当宝宝听到有人叫自己的名字回头看时，爸爸妈妈要热烈地抱一抱宝宝、亲亲他，说："（宝宝的名字）是妈妈的乖宝宝。"

提示：有些爸爸妈妈喜欢随口叫一些自己认为更亲切的名字，如"心肝""宝贝""小乖乖""儿子"等，在宝宝还没有确认自己的名字前，会给他带来混淆，最好能先统一叫宝宝的名字。

【游戏二】

名称：我的身体会说话

目的：促进对语言的理解能力。

准备：宝宝已经学会了抓、挠、碰头、握手或者鼓掌。

方法：在日常生活中，可随机地教宝宝多学一些肢体语言，如拱手表示"谢谢"，摇头表示"不好"或"不要"，点头表示"要"或"是"，张开双臂表示"大"，舞动双臂表示"飞"，两个食指碰碰再分开表示"斗斗飞"，捂鼻表示"臭"，用手向鼻子扇动表示"香"，用手指在脸颊前后划动表示"羞"。摇晃身体或跺脚随儿歌做动作，将食指和中指竖起放在头两侧装小兔子。宝宝见人离去，就会挥手表示"再见"。

提示：爸爸妈妈只要给宝宝示范，宝宝就会模仿，而且会越来越丰富。当宝宝听着爸爸妈妈的指令能够做出相应的动作时，爸爸妈妈要给予热烈的赞美："哇！宝宝在谢谢我呢！"

 三、社会情感发展

（一）社会情感发展状况

❶ 依恋联结建立

研究发现，通过抚育，6～8个月的宝宝和妈妈已经开始建立依恋联结，宝宝喜欢把妈妈当作亲密朋友，以此来表达对妈妈的依恋。心理学家认为，依恋给儿童提供一种安全感，儿童将依恋对象视为安全基地。依恋安全感对儿童人格完善有着重要作用。

❷ 恼怒、惧怕与焦虑

6个月以后的宝宝，会越来越多地表现出恼怒和惧怕的情绪。他对很多情况都会产生恼怒反应，如宝宝喜欢被抱着，当把他放在床上一会儿，他就会生气啼哭。惧怕的情绪也随之开始增加，如不敢玩活动发声的新玩具，不敢跨越视崖等。最常见的情况就是惧怕生人，即"认生"，这就是"陌生人焦虑"，不愿意让妈妈离开，即"分离焦虑"。研究认为，恼怒和惧怕对宝宝有生存价值。恼怒可以激发更多的能量去排除障碍，惧怕使他能够躲避危险。

（二）社会情感培养要点

❶ 建立安全的依恋关系

宝宝在发展依恋关系时具有选择性，他更喜欢与经常温暖、亲热地对待自己以及交往中能让自己获得愉悦的人建立依恋。也就是说依恋建立的第1个条件是爸爸妈妈要对孩子有充足的爱，并表现出来。

光有爱还不够，第2个条件就是爸爸妈妈要对孩子的需求敏感，并对孩子的需求有基本合理的应对。在养育宝宝的过程中能积累经验和愿意思考，才能成为最懂宝宝的人。

❷　给宝宝尝试的机会

随着宝宝自我意识的增强，他的脾气越来越大。爸爸妈妈给宝宝的限制越多，他的反抗就越剧烈。因此，在没有危险的情况下，不妨为他提供各种机会去尝试。

❸　接近生人

让宝宝多与人交往，帮助他克服怕生、焦虑的情绪。

（三）亲子游戏

【游戏一】

名称：宝宝相册

目的：发展视觉；增强视觉的记忆力和视觉分辨力。建立与爸爸妈妈之间的依恋关系。

准备：爸爸、妈妈及其他家人的照片；一本小的活页相册。

方法：

（1）把爸爸、妈妈和其他家人的照片分别插到一本小的活页相册中，与宝宝一起翻看，并指给他看，告诉他"这是爸爸""这是妈妈"等。

（2）将家里的相册拿给宝宝，让他自己翻看，在宝宝进入"陌生人焦虑症"阶段时，这是个有益的玩具，当亲人不在身边时，可以借助相册让宝宝获得情感上的满足。

【游戏二】

名称：串串门

目的：培养交往能力。

方法：每天带着宝宝到其他小朋友家里做客，或者让其他小朋友到家里来做客，给宝宝制造与其他小朋友相处的机会。

【游戏三】

名称：独自玩耍

目的：培养注意力和专注、专心的良好品质。

方法：

（1）给宝宝准备一些玩具，让宝宝自己独自玩耍，宝宝会专注地去玩玩具。

（2）除了玩具，还可以选择一些书籍，如布书、绘本等，让宝宝自己翻阅。

（3）也可以给宝宝准备一些面巾纸，让宝宝自己练习撕纸。

提示：在宝宝独自玩耍的时候，家长要注意玩耍环境的安全，不要让宝宝独自玩豆子、扣子这种小玩具，以防塞进嘴里或鼻孔里。

第五章

10～12个月的宝宝

第一节　10～12个月宝宝的特点

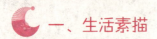 一、生活素描

10～12个月的宝宝已处于婴儿期的最后阶段，他们从10月份开始学习站立，逐渐学习走路。由于站立和行走，宝宝的视野拓宽了，独立活动的能力增强了，探索能力也加强了。此时期，宝宝有了一定的空间知觉和大小知觉，注意力的范围扩大，甚至会在书中、在玩具上寻找些细枝末节的东西；他们已经具备一定的辨认能力，懂得选择玩具，记忆力也有了巨大的进步，"寻找和发现"类的游戏是这个阶段最好的游戏。此时每个新的角落、新的缝隙都给他以探索和汲取知识的机会。因此，他那已经出现的好奇心会急剧上升。通过探索，他开始学会给事物分类，并能将游戏中的两件事物联系起来，理解简单的因果关系。

大多数宝宝这时已能自己扶着东西站立，发育快的宝宝还能独站一会儿。能扶着床栏坐起，牵着一只手能走得比较好，能扶着推车向前或转弯走。坐得很稳，能主动由坐位改为俯卧位，或俯卧位改为坐位。

宝宝手指的灵活度增强，手眼也逐渐协调。这一阶段，他喜欢做各种"装入"和"取出"的动作，也喜欢堆积木、翻书；能用勺子盛上1～2勺饭放进嘴里；将帽子平放在头上；会准确地盖上茶杯盖；会用手扯开纸包取出纸包内的食物；会用食指和拇指捏取葡萄干并投入小瓶中；会握住蜡笔在纸上乱涂，等等。

宝宝理解词语的能力大大提高，能听懂简单的话语，他还会在爸爸妈妈说儿歌时配合动作；这时的宝宝开始由牙牙学语逐渐进入了说话期，他开始

用简单的发音或词语表达自己的要求，会叫爸爸妈妈，会学小动物叫。

　　宝宝玩的时候喜欢有人在旁边，愿意与人交往；会主动模仿人；能长时间注意妈妈的行动，对妈妈更加依恋了。这时的宝宝情绪反应会更加分明，还能根据看护者的表情更准确地看出他们的情绪，以此来决定他在特定环境中做何行动。

提示与建议

　　1. 为宝宝创设安全的环境。蹒跚学步的宝宝总是那么精力充沛，那么富有探索精神，但各种安全隐患也如影随形。爸爸妈妈与其提心吊胆地亦步亦趋，不如尽早为宝宝确定行为规则与划定界限，对满地乱跑、快要惹上麻烦的宝宝说"不"，使宝宝逐渐习惯遵守规则及合理的限定。为宝宝创设安全的成长环境及帮助宝宝掌握界限的概念，都是爸爸妈妈重要的任务。

　　2. 爸爸妈妈要为孩子树立好的榜样。对于进入主动模仿期的宝宝来说，爸爸妈妈是他最重要的模仿对象，爸爸妈妈的榜样就是他日后人格模式与交往模式的基础。所以，爸爸妈妈要注意自己的言行，负面情绪最好能找到恰当的排解方式，勿使宝宝受到影响。

　　3. 地板的清洁和安全依然是爸爸妈妈每日不可少的工作之一。此外，需要将宝宝喜欢的各种图片张贴于距离地面 60～70 厘米高的位置，以便于宝宝扶墙站起时刚好看到。

适合的玩具：

- 各种大小和质地不同的球
- 可拉着或推着走，同时能发出声响的玩具
- 一些互相撞击可以发出声音的玩具
- 布娃娃、填充的动物玩具
- 各种大小的塑胶套杯，或其他可以堆叠、互套的玩具
- 不会摔破的盘子、碗、杯子和勺子
- 内容简单的故事（或儿歌）图画书

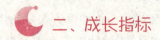

二、成长指标

（一）体格发育指标

体格发育参考值

项 目		体重（千克）			身长（厘米）			头围（厘米）		
		-2SD	平均值	+2SD	-2SD	平均值	+2SD	-2SD	平均值	+2SD
10个月	男	7.4	9.2	11.4	68.7	73.3	77.9	42.9	45.7	47.9
	女	6.7	8.5	10.9	66.5	71.5	76.4	41.5	44.2	46.9
11个月	男	7.6	9.4	11.7	69.9	74.5	79.2	43.2	45.8	48.3
	女	6.7	8.7	11.2	67.7	72.8	77.8	41.9	44.6	47.3
12个月	男	7.7	9.6	12.0	71.0	75.7	80.5	43.5	46.1	48.6
	女	7.0	8.9	11.5	68.9	74.0	79.2	42.2	44.9	47.6
出牙	乳牙萌出1～2颗，共6～8颗 白色代表已萌出的小牙 灰色代表正在萌出的小牙					12个月				

注：本表体重、身长、头围摘自世界卫生组织"2006年儿童体重、身长（高）、头围评价标准"，身长取卧位测量，SD为标准差。

（二）智力发展要点

智力发展要点

领域能力	10个月	11个月	12个月
大运动	能独站两秒钟以上，扶椅子或推车走3步以上	能扶家具走3步以上，独站10秒钟以上	学会独站，同时自己可以走2～3步
精细动作	能将1～2件玩具放进较大的容器内，熟练使用拇指和食指捏物，动作协调、迅速	主动打开包着积木的纸，将圆环套在细柱子上	会用手掌握笔涂涂点点；会把盖子盖在瓶口（不必拧紧）；模仿成人搭1～2块积木，并且不倒
语言	会叫爸爸、妈妈	自言自语时说出成人听不懂的由2～3个字组成一句话，发出"妈妈、爸爸"以外的音	说2～3个字，如走、拿、来等，看图画、念儿歌、听故事并模仿动作
感知	用手指认识的新物品	能听声指物或图各3种，知道用棍子够玩具	会竖起食指表示自己1岁了
社交情感	会自己摘掉帽子；会自己捧杯喝水	随音乐或儿歌的节奏做简单的动作，会脱鞋袜及部分衣物	爸爸妈妈和他要东西的时候知道给，用点头表示同意、用摇头表示不同意；自己戴帽、穿鞋袜等

第二节　10～12个月宝宝养育指南

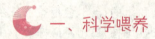 一、科学喂养

（一）营养需求

此阶段的喂养重点是为断奶前的宝宝安排合理的膳食，以维持宝宝的正常生理功能，满足生长发育的需要。有六种营养素是人体不可缺少的。

宝宝所需的六大营养素

所需营养素名称		每日供给量	主要功能	主要来源
蛋白质		35～40克	构成人体细胞和组织的基本成分	鱼、肉、蛋、大豆、各种谷类
脂肪		30～40克	供热、调节体温、保护神经及体内器官，促进维生素吸收	动植物油、乳类、蛋黄、肉、鱼
碳水化合物		140～170克	活动、生长发育所需热能的主要来源	食物中谷类、豆类、食糖、水果、蔬菜
矿物质	钙	600毫克	骨骼、牙齿生长的主要原料、调节正常的生理功能	乳类、蛋类、鱼、豆、蔬菜
	铁	10毫克	造血的重要原料	肝、蛋黄、瘦肉、绿叶菜及豆类
	锌	10毫克	促进生长发育，增进食欲	动物性食物以及花生、蚕豆、豌豆等
	碘	70微克	合成甲状腺素，与人体新陈代谢、体格生长和智力发育密切相关	海产食品、碘化盐

（续表）

所需营养素名称		每日供给量	主要功能	主要来源
维生素	A	1000～1333国际单位	维持正常生理功能和生长发育	动物肝脏、鱼肝油、蛋黄及黄绿叶蔬菜中
	B₁	0.6～0.7毫克		豆类、粗粮如米糠、麦麸中
	B₂	0.6～0.7毫克		乳、蛋黄、肝、绿叶蔬菜中
	C	30～35毫克		新鲜蔬菜和水果中
	D	400国际单位		鱼肝油及身体皮肤受紫外线照射后
水		每千克体重125～150毫克	人体最主要的成分之一，维持体内新陈代谢和体温调节等	饮料与食物等

（二）喂养技巧

❶ 增加食物品种

给宝宝添加辅食时，要增加食物品种，注意营养的均衡。食物过于单一，会使宝宝缺少相应的营养成分，给成长发育带来不良影响。每餐两种以上的食物，既营养丰富，又色彩诱人。每餐至少要从下面四类食品中各选1种。

淀粉：米粥、面条、红薯、燕麦片粥、面包粥等。

蛋白质：鸡蛋、鹌鹑蛋、鸡肉、鱼肉、豆腐、豆类等。

蔬菜水果：白菜、胡萝卜、黄瓜、番茄、茄子、洋葱、苹果、橘子、桃、梨子等。

油脂类：宝宝用乳酪、植物油、黄油等。

❷ 变换食物形态

此时的宝宝基本具有咀嚼能力，也喜欢咀嚼，食物的形态要随之有所变化。可以从稀米粥过渡到稠米粥或水稍多的软饭；从面糊过渡到挂面、面包；从肉泥过渡到碎肉；从菜泥过渡到碎菜，增加辅食品种，均衡营养。

❸ 断乳建议

如果妈妈准备在宝宝 1 岁以后就断掉母乳，那从现在开始就应有意减少母乳的喂养次数，如果婴儿不主动要，就尽量不给宝宝吃了。

对于晚上有吃奶习惯的宝宝，有些妈妈怕断乳困难，就尽量不给宝宝夜间喂奶，即使是哭闹，也有意让宝宝多哭一会儿。这是没有必要的。让宝宝长时间夜啼是不好的，如果给宝宝吃奶能使他很快入睡，就应该给宝宝吃奶。夜间吃奶没有什么危害，也不会造成以后断乳困难，但如果形成夜啼的习惯，就不好纠正了。

提示与建议

断乳前后的饮食

有的妈妈认为，断乳了，就一点也不能给宝宝吃了，尽管乳房很胀，也要忍。其实，如果服用维生素 B_6 回奶，宝宝可继续哺乳，出现乳房胀痛时，还是可以让宝宝帮助吮吸，能很快缓解妈妈的乳胀，以免形成乳核。

断奶并不意味着就不喝牛奶了。牛奶需要一直喝下去，即使过渡到正常饮食，1 岁半以内的宝宝，每天也应该喝 300～500 毫升牛奶。所以，10～12 个月的宝宝每天还应该喝 500～600 毫升的牛奶。

最省事的喂养方式是每日三餐都和大人一起吃，加两次牛奶，可能的话，加两次点心、水果，如果没有这样的时间，就把水果放在三餐主食以后。有母乳的，可在早起后、午睡前、晚睡前、夜间醒来时喂奶，尽量不在三餐前后喂，以免影响进餐。

这个阶段，宝宝可吃的蔬菜种类增多了，除了刺激性大的蔬菜，如辣椒、辣萝卜，基本上都能吃，只是要注意烹饪方法，尽量不给宝宝吃油炸的菜肴。随着季节吃时令蔬菜是比较好的，尤其是在北方，反季菜都是大棚菜，营养价值不如大地菜。最好也随着季节吃时令水果，但柿子、黑枣等不宜给婴儿吃。

并不是说所有的宝宝到了 1 岁以后就要马上断乳，如果不影响婴儿对其他饮食的摄入，也不影响婴儿睡觉，妈妈还有奶水，母乳喂养可延续到 1 岁半。

有的婴儿到了 1 岁以后，即使不断乳，他自己对母乳也不感兴趣了，表现出可吃可不吃的样子。这样的婴儿是很容易断乳的，不要采取什么硬性措施。

　　即使 1 岁还断不了母乳，再过几个月，也能顺利断掉母乳。婴儿到了离乳期，就会有一种自然倾向，不再喜欢吮吸母乳了。母乳少的，有的不用吃断乳药，婴儿不吃了，乳汁也就自然没有了。母乳比较多的，还需要吃断乳药。

（三）宝宝餐桌

　　这个时期，多数爸爸妈妈吃的饭宝宝都能够吃，但最好仍为宝宝单独制作。下面介绍几种适合 10 ～ 12 个月宝宝食用的辅食制作方法，供爸爸妈妈参考。

海苔燕麦粥

　　原料：燕麦片 50 克，海苔适量，水 500 克。

　　制作方法：在锅中倒入清水烧开，将燕麦片放入煮开，转小火熬至黏稠；把海苔剪成小块；把碎海苔放入燕麦粥中泡软即可食用。

　　说明：这道粥含有磷、铁、钙、锌、硒等矿物质和纤维素。海苔富含多种生命活性物质，具有补钙、预防缺铁性贫血的功效，含有能促进宝宝智力发育的粗纤维素。

番茄菠菜蛋糊面

　　原料：番茄汁两勺，菠菜 30 克，鸡蛋黄 1 个，婴儿挂面 1 小把。

　　制作方法：把煮好的鸡蛋蛋黄取出；用勺子将新鲜番茄里的番茄汁取出；把菠菜煮熟，切碎后放入番茄汁里；将上述食材搅拌在一起成糊，将煮好的面条拌入蛋糊中即可。

　　说明：菠菜含有磷、铁、有助于身体新陈代谢并促进脂肪和碳水化合物的吸收，鸡蛋含丰富的蛋白质、卵磷脂，钙、磷、钾等矿物质及 A、B 族维生素，能促进宝宝生长发育及脑神经发育。

肉松杂菜饭

　　原料：大米 100 克，甜豌豆 30 克，土豆半个，胡萝卜半个，肉松适量。

　　制作方法：将大米洗净放入冷水中浸泡两个小时，甜豌豆去皮取豆，土豆和胡萝卜洗净后去皮切成丁；将上述准备好的食材放在一起，加水，放入电饭锅中蒸熟；在蒸熟的杂菜软饭上加上肉松。

说明：大米含有大量的碳水化合物，此外还有维生素B群、维生素A、维生素E和磷、铁、镁、钾、钙等矿物质，具有补中益气、健脾养胃的作用，是宝宝成长中不可缺少的主食来源。

南瓜鸡蛋饼

原料：南瓜100克，面粉半杯，鸡蛋1个，牛奶适量。

制作方法：将南瓜放入沸水里煮软，用勺子碾成泥；在南瓜泥里加入面粉和打散的鸡蛋，倒入牛奶搅拌成糊糊，面糊要调软一点；把面糊倒入锅里摊成饼。

说明：南瓜营养丰富，其中多糖、氨基酸、活性蛋白、类胡萝卜素及多种微量元素对宝宝的生长发育非常有益。南瓜和面粉里都含有丰富的碳水化合物，能给宝宝的身体和大脑发育带来充足的能量。

青菜排骨汤

原料：排骨4块，姜2～3片，清水适量，菜心适量。

制作方法：排骨焯水后捞出，洗净血沫，放到另一口煮开水的热水锅中，水量是原料的4～5倍，煮开后转小火炖，放入2～3片姜；锅里的汤保持汤面微开，熬两小时，直至排骨的肉酥烂。将排骨上的瘦肉拆下，剁碎；在排骨肉碎里加入排骨汤，并放入已经切碎的菜心煮熟即可。

说明：排骨可提供蛋白质、钙、铁等矿物质及维生素A、维生素D，时令蔬菜含丰富的维生素C、维生素A原、B族维生素，具有补钙、促进生长、预防缺铁性贫血的效果。

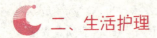

二、生活护理

（一）吃喝

1 提供使用杯子的机会

10个月左右的宝宝就可以学习使用杯子了，1岁以上的宝宝就可以较好地用杯子喝水或喝奶了，如果爸爸妈妈只图用奶瓶方便，不给宝宝提供用水杯的机会，是不合适的。如果让宝宝养成抱着奶瓶躺着喝奶，喝完即睡的习惯更不好，这样会使口腔残余的奶在夜间发酵，滋生细菌，容易发生龋齿。所以，并不是奶嘴影响了孩子的口腔发育，而是一些不良喂养习惯影响了口腔的发育。因此，我们提倡宝宝1岁后要用杯子喝奶或喝水，不要长期依赖奶瓶。

❷ 吃饭不要强喂硬塞

10个月后的宝宝食欲较前下降，这是正常现象，不必担忧。千万不要陷入督促宝宝"多吃一点"的陷阱中。吃饭时，不要强喂硬塞，宝宝每顿吃多吃少可随他去，只要一日摄入的总量不明显减少，体重继续增加即可。任何在宝宝不饿时强迫或欺骗他吃东西的做法都是不可取的，这样很容易引起厌食。需要注意的是：在食物制作上，应以能促进宝宝的食欲为原则，要注重食物的色、香、味的调配。

❸ 哺乳妈妈发烧怎样喂

爸爸妈妈整日辛苦地工作，还得细心照顾宝宝，多数妈妈夜里也无法好好休息，总得惊醒几次给宝宝盖盖被子、喂宝宝吃奶。长此以往，难免体力不佳，抵抗力下降，得个伤风感冒类的疾病。那么，如果妈妈生病发烧了，还能给宝宝喂奶吗？

（1）如果没有任何咳嗽、流鼻涕等感冒症状，发烧也不超过38.5℃，那么可以大量饮水降温，在家观察一下。但给宝宝喂奶的时候需洗手、洗脸并带上一次性口罩。

（2）最好到医院做个血常规检查，让大夫诊断到底是病毒性感冒还是细菌性感冒。如果是病毒性感冒，那最好暂停给宝宝喂母乳，可以喂奶粉。如果大夫开了抗病毒和消炎药，那妈妈一定要问清楚暂停母乳喂养得多长时间，什么情况下可以恢复喂奶。同时，还要按宝宝吃奶的时间点准时挤奶，以免奶水憋回去了。

（3）由于妈妈生病，体力下降，肯定会影响泌乳。所以，生病期间，妈妈一定要注意补充能下奶的汤汤水水，以保证病好后宝宝还有充足的"口粮"。

（二）拉撒

断奶期的宝宝因为饮食及情绪变化，最容易出现便秘症状。对于断奶期的宝宝便秘，爸爸妈妈首先可以通过适当的饮食调整缓解。饮食应做到蛋白质、碳水化合物和蔬菜类食物的合理搭配。除给宝宝多吃高营养的蛋类、瘦肉、肝和鱼类外，还要增加纤维素较多的蔬菜、水果及粥类，如菠菜、油菜、白菜、芹菜以及香蕉、梨等，以促进肠蠕动。给宝宝喝奶粉时，可先在冲调好的奶粉里再加上一部分水或米汤将其稀释，两次喂奶之间增加水分。

生活规律，增强身体的活动能力，是预防和缓解便秘最有效的方法。爸爸妈妈应培养宝宝规律的生活习惯，每日定时间、定地点训练宝宝排便，以建立良性条件反射，养成按时排便的习惯。让宝宝坚持身体锻炼，做体操，多活动，也可为他进行抚触按摩，以增加腹肌收缩和肠蠕动的功能。

宝宝若数日未解便，大便干结，此时应先用甘油栓或宝宝开塞露通便。用开塞露一般只用一半药液即可，挤入后要让药液停留在肠内至少 3 ～ 15 分钟，让药液软化粪块后才排便。若挤入后立即拉出，那就白费了。

（三）睡眠

快 1 岁的宝宝日平均睡眠时间为 12 ～ 16 小时，但睡眠的时间个体差异很大，因此，爸爸妈妈不必非得让宝宝睡够所谓的标准时间。有的宝宝睡眠质量好，因此少睡些也没有关系。每个人的睡眠都不是百分百地有规律性，再有规律的宝宝也有打破规律的时候。例如，宝宝一向是晚上 9 点睡，但如果偶尔有几天十一二点睡也很正常。因此，宝宝不困就不必逼他睡觉，否则宝宝不愿意，不断抗议，爸爸妈妈也辛苦，还容易养成宝宝不哄不睡觉的坏习惯。不如爸爸妈妈也"放纵"一次，陪他玩累了，他自然就睡了。

（四）其他

❶ 给宝宝选择合适的鞋子

宝宝站稳时即可考虑穿鞋，但在买鞋时要注意让宝宝站着量脚的大小（比脚大 0.5 厘米），选择轻而有弹性，天然易吸汗的材质，鞋尖应采用圆头设计并有防滑鞋底，高帮或包住脚面的款式比较不容易甩出，当然，也要考虑穿脱是否方便。每周检查鞋子合脚的状况，留意宝宝走路的变化，检查脚上有无水泡。还要常给宝宝修剪脚指甲以免影响走路，穿鞋时应使用平面袜子，若发现大脚趾已经碰到鞋尖时即应换鞋。

不过，在家还是以光脚练习走路最佳，因为光着脚，宝宝更容易掌握身体的平衡，而且宝宝的足弓还没有完全形成，光脚走路有利于足弓的锻炼。

❷ 护理头发

可以用梳子轻梳宝宝的头发，宝宝的部分头发会因摩擦及睡觉姿势影响而有掉落、秃块出现，若选择帮女宝宝绑发或使用发饰时，需注意不要绑太紧，以免拉扯头皮，亦不可太松，以免让宝宝轻易自己摘除而引起误食的危险。

❸ 穿衣、盥洗时训练配合动作

给宝宝穿衣、盥洗时，动作要轻柔，态度要和蔼，多用语言鼓励他，使宝宝愉快地配合。要结合穿衣、盥洗的时间和宝宝讲话，发展宝宝对语言的理解能力。如穿上衣时，叫他"伸手"；穿袜子、鞋子时"伸脚"；洗手时"伸出小手"，洗脸时"闭上眼睛"等。要教会他认识各种衣服的名称，懂得动作的名称和做法。还可以用游戏的方法，使他乐于配合。比如，穿裤子时告诉他要做一个"小鸭钻山洞"的游戏：先捉住"小鸭"——小脚丫，再让"小鸭"钻"山洞"——裤管。要用亲切的语言、丰富的表情、欢快的音乐、有趣的方法，培养宝宝爱清洁、讲卫生的兴趣、能力和习惯。

❹ 合理安排作息制度

吃、玩、睡，是宝宝生活的三大内容。根据宝宝的生理节律，只要把吃饭和睡觉的次数和时间固定好，其余的时间就是醒着活动的时间。这样，每天的生活就有规律了。

此阶段的宝宝，辅食已逐渐变为主食，每天吃饭、吃奶共 5 次，两次饮食间隔 4 小时左右，白天睡觉可逐渐由 3 次改为上、下午各一次，每次约两小时，晚上睡 10 个小时，一昼夜睡 14 个小时左右。

作息制度应根据宝宝和爸爸妈妈的具体情况酌情制定，但一经制定就要认真执行，使宝宝养成有规律的生活习惯。

户外活动可根据季节、天气和温度适当调整，但尽可能保持每天 2 小时以上。

提示与建议

1.宝宝的生活作息越来越有规律了，但是日间活动量增加或环境刺激增加等均可能引起夜哭的现象。如果夜晚哭声相当大、表情痛苦，但白天醒来后无任何异状，其他作息正常，也不影响发育，就不用担心。爸爸妈妈可以协助宝宝建立固定的睡前仪式，如说故事、放一段音乐等。

2.给孩子喂食时，千万不能为了试试温度先用小勺在嘴里吮一下再喂孩子，因为成人口腔里有一些细菌，小宝宝抵抗力弱，吃进去易得传染病。成人感冒或有肠道感染时，必须反复用肥皂洗净双手再接触孩子，最好换人喂饭。宝宝的餐具要单独使用，每次用后要洗干净，然后用开水煮沸或放入消毒锅内进行消毒。

3.宝宝的图书每周要在阳光下暴晒，每天要用消毒液（84或酒精）擦拭；宝宝的玩具也要根据不同的材质，采用水洗、酒精擦拭或暴晒等不同的方式定期彻底消毒。未经消毒的玩具不要让宝宝用口直接咬嚼；摆弄玩具时，不要让孩子揉眼睛，更不能用手抓东西吃，边吃边玩。

三、保健医生

（一）常见疾病

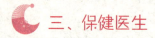

1 婴幼儿腹泻

婴幼儿腹泻是一种常见疾病，是造成宝宝营养不良、生长发育障碍以及死亡的重要原因之一。

宝宝易患腹泻与自身发育特点及病原菌感染有关。宝宝消化系统功能发育不成熟且免疫功能不完善，胃液酸度低，消化酶活性差，若过多过早喂淀粉或脂肪类食物，易引起消化功能紊乱。另外，食物或水的污染也增加了病从口入的机会，如奶具不清洁，牛奶加温、消毒不够等。病原菌感染，以大肠杆菌和轮状病毒为主，其他消化道外感染，如中耳炎、咽炎、肺炎等也可并发腹泻。

婴幼儿腹泻表现为腹泻和脱水，可伴呕吐和发热，伴有脓血便的腹泻是痢疾。脱水和电解质紊乱是腹泻引起死亡的主要原因。

治疗腹泻的三个基本原则：补充水分和电解质；坚持继续喂养，以避免营养不良；除细菌性痢疾或病原菌非常明确外，不要服用抗生素。使用口服补液的方法治疗脱水，家庭中还可以用米汤、面汤、酸奶、果汁甚至白开水，每1000毫升加细盐3.5克，当作口服补液使用。脱水酸中毒者，需要送医院治疗。

预防腹泻要从以下几个方面入手：大力提倡母乳喂养；科学地添加辅食；使用干净的饮用水，保证个人卫生；爸爸妈妈饭前便后、做饭前、给宝宝喂饭前要洗手；建立清洁卫生的厕所；及时处理宝宝粪便，保证卫生安全；提高宝宝的免疫机能，按时完成计划免疫。

❷ 厌食

厌食是指较长时间的食欲不振，对食物无欲望或食欲很低，未进食即有一种饱胀感。

首先，喂养不当，进食方法不正确，不良的饮食习惯，如吃过多的零食，饮食结构不合理，过多摄入冷饮、甜食、油炸食品、吃饭不定时定量等是造成厌食的重要原因。其次，某些疾病，如锌缺乏症、缺铁性贫血、佝偻病、反复腹泻、反复感冒等也会造成厌食。再次，过量摄入维生素A、维生素D、某些抗生素、磺胺类药物以及免疫抑制剂等药物影响食欲。最后，不良的情绪抑制大脑皮层的食欲中枢也会降低食欲。

要有良好的进食环境和喂养习惯，合理膳食及合理使用药物，以预防厌食的发生。对厌食的宝宝，可借助于一些增进食欲或助消化的药物，同时寻找厌食的真正原因，对症下药。用中医捏脊、针灸方法治疗也有一定的疗效。

❸ 手足口病

手足口病又名发疹性水疱性口腔炎，是由肠道病毒引起的传染病，以手、足和口腔黏膜疱疹或破溃后形成溃疡为主要临床症状，多发生于5岁以下的儿童，少数患儿可引起心肌炎、肺水肿、无菌性脑膜炎等并发症。个别重症患儿如果病情发展快，可导致死亡。手足口病近年较多发，需引起爸爸妈妈重视。

患儿多以发热起病，一般为 38℃左右。口腔黏膜出现分散状疱疹，米粒大小，疼痛明显；手掌或脚掌部出现米粒大小疱疹。早期可有轻微的咳嗽、流涕、流口水、乏力、低热等症状。低热 1～2 天后开始出现皮疹。典型的皮疹分布于口腔、手心和脚心等部位，因其皮疹分布的特点，故称为"手足口病"。大多数患儿在 1 周以内病情可恢复，重症患者则病情进展迅速，在发病 1～5 天左右出现脑膜炎、脑炎、脑脊髓炎、肺水肿、循环障碍等，极少数病例病情危重，可致死亡，存活病例可留有后遗症。重症患者表现为精神差、嗜睡、头痛、呕吐甚至昏迷；肢体抖动，眼球运动障碍；呼吸急促，咳嗽等。

春夏两季是肠道病毒感染易发生的季节，要做到"洗净手、喝开水、吃熟食、勤通风、晒衣被"。尽量不要带宝宝去人群密集的场所。哺乳的妈妈要勤洗澡、勤换衣服，喂奶前要清洗奶头。如果宝宝患有手足口病，要严格遵照医嘱来给宝宝护理。

一旦发现宝宝感染了手足口病，应将患儿隔离至热度、皮疹消退和水疱结痂，以免引起流行蔓延，一般需隔离两周。宝宝的用品和环境要做好消毒工作，避免继发感染；注意饮食营养，多喝水，给宝宝吃清淡、温性、可口、易消化、柔软的流质或半流质食物；宝宝可能会因口腔疼痛而拒食、流涎、哭闹不眠等，要保持宝宝口腔清洁，饭前饭后用生理盐水漱口，对不会漱口的宝宝，可以用棉棒蘸生理盐水轻轻地清洁口腔，也可将维生素 B_2 粉剂直接涂于口腔糜烂部位，或涂鱼肝油，亦可口服维生素 B_2、维生素 C，辅以超声雾化吸入，以减轻疼痛，促使糜烂早日愈合，预防细菌继发感染；剪短宝宝指甲，必要时包裹其双手，防止抓破皮疹，手足部皮疹初期可涂炉甘石洗剂，待有疱疹形成或疱疹破溃时可涂 0.5% 碘伏，注意保持皮肤清洁，防止感染，如有感染需用抗生素及镇静止痒剂等。定时测量宝宝的体温、脉搏、呼吸。体温在 37.5℃～38.5℃的宝宝，给予散热、多喝温水、洗温水浴等物理降温。

（二）健康检查

宝宝1周岁时，进行第5次健康检查。

在这个阶段，宝宝跟外界的接触增加，但是自我保护的抵抗力仍不足。宝宝1岁时，身高约为出生时的1.5倍，体重约为出生时的3倍，健康检查除了动作发展的评估外，还会特别检查语言沟通能力、眼睛的眼位、听力及牙齿的萌发及保养。请爸爸妈妈别忘了带宝宝去做对他相当重要的健康检查。若有健康问题，爸爸妈妈可以依据宝宝的真实状况与医生配合解决。

（三）免疫接种

时　间	疫　苗	可预防的传染病	注意事项
9个月	A群流脑疫苗（第2针）	流行性脑脊髓膜炎	1.注射疫苗保持左上臂干燥清洁 2.接种前最好给孩子洗澡，换上干净内衣；刚打过针应注意休息片刻，不要做剧烈活动；母乳喂养的孩子妈妈不要吃辛辣等刺激性食物
1岁	水痘疫苗	水痘	
	流感疫苗（每年10月份左右）	流行性感冒	
	甲肝疫苗	甲型肝炎	

💡 提示与建议

1. 留心观察宝宝的舌系带是否正常。宝宝开始咿咿呀呀地学说话了，爸爸妈妈可以留意观察宝宝伸舌头时是否能将舌头伸至下嘴唇，通常可在1岁左右伸展舌头为正常，若舌系带太短，可能会影响说话，若有怀疑则需就医咨询。

2. 观察皮肤及排便情况。帮宝宝洗澡时可注意皮肤的情况，冬天若出现皮肤干裂现象，就不要太频繁洗澡，淋浴时用温水不要用热水，少用肥皂，以清水清洗即可。洗澡后拍干皮肤不要用力擦拭，而且在身上抹些润肤油，保持湿润并注意空气中的温度。若发现尿布上有点状出血，排便时宝宝会哭泣或焦躁，则可能是肛裂的问题，需让宝宝增加水分摄取，软化粪便，可以询问医生后续处理的方法。

3. 不要滥用抗生素。抗生素，就是我们常说的消炎药。很多爸爸妈妈一遇到宝宝生病，都会选择用抗生素来让宝宝尽快恢复健康。这源于人们的一个误解，即认为抗生素能够治疗一切炎症。其实，抗生素只能对抗由细菌引起的感染，而对于由病毒引起的感染以及无菌性炎症是不起作用的。儿科常见的上呼吸道感染（俗称感冒）几乎90%都是病毒感染引发的，使用抗生素收效甚微。滥用抗生素也会有不良的后果。它可诱导细菌耐药，使宝宝的胃肠道内正常细菌如乳酸杆菌会受到抑制，杂菌却大量生长繁殖。菌群失调可造成严重的二重感染，也很容易伤害或者潜在伤害宝宝体内器官。爸爸妈妈千万不要宝宝一生病就用抗生素，就算有了细菌感染，也要搞清楚是什么菌，用针对它的抗生素。另外，除了在生病时不滥用抗生素，食品中抗生素残留的问题也应引起爸爸妈妈的重视。

4. 简单疾患应对方法。当宝宝身体出现一些状况时，爸爸妈妈除了等待医生的药方及治疗外，一些简单的小方法，也能有效地缓解宝宝的身体疼痛和不适。

划伤或割伤：在蹦蹦跳跳的童年，几乎没有几个宝宝没遭遇过小的割伤或划伤。对付这样的伤口，爸爸妈妈首先要做的是用温和的肥皂和水清洗受伤的部位，然后，取一只洋葱，轻轻地剥下一张薄薄的皮，将它敷在宝宝的伤处并轻轻按压。

尿布疹：请试试给宝宝抹点黄油或植物起酥油。这样做的原理是在宝宝的皮肤和尿布之间竖起一层障碍，使皮肤得以有愈合的空间。这层障碍越厚、越油滑，也就越有效。

咳嗽：宝宝咳嗽的时候，爸爸妈妈可以尝试改变家里的空气湿度。有的咳嗽会因为空气干燥而变得严重；有的则跟空气太湿有关，潮湿的空气往往就是聚集细菌的地方；宝宝因对灰尘过敏，咳嗽也会加剧。如果是空气太湿，关掉家里的加湿器就可能帮助咳嗽痊愈。

这些小妙招可不是说可以不去医院了，爸爸妈妈可以就任何问题向医生求助，这些小方法能帮助爸爸妈妈和宝宝比较轻松地度过一个咳嗽不停的夜晚，或是药物起效之前烦躁难熬的时间。

第三节　促进10～12个月宝宝发展

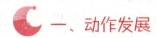 一、动作发展

（一）动作发展状况

站立和行走是 10 ～ 12 个月宝宝动作发展的重点。

❶ 下肢动作技巧出现

这个阶段的宝宝能够坐在脚跟上，能够单腿跪。在学会站立之前，宝宝要有腿部力量和平衡的准备。能够坐在脚跟上说明腿部有力量。单腿跪不但需要腿部的支撑能力，还需要一定的平衡能力。这些动作都可以看作是站立之前的准备活动。

❷ 出现手足爬行和沿步

11 个月至 1 岁多时，多数宝宝都能进行手膝爬行且爬得很快，一旦出现高爬行（熊步：手足爬行），也就预示着宝宝要开始自主走路了。

11 或 12 个月时，宝宝可以扶物做横走的动作，即所谓的"沿步"，之后便开始向前迈步了。

（二）动作训练要点

❶ 继续爬行练习，为站立和行走打基础

宝宝在学会站立之前，要有腿部力量的准备。四肢支撑着爬这一动作需要腿部和上肢的力量。若爬行时，仅以腹部和膝部支撑，原地打转，说明上肢及下肢的力量不足。不能向前爬，总是向后退，说明腿部力量不够。所以，要尽可能多地给宝宝爬行的机会。

当宝宝爬行非常熟练时，还会出现单腿跪的姿势，单腿跪不但需要腿部

的支撑能力，还需要一定的平衡能力，因此，也需要随机锻炼宝宝单腿跪的能力。

这些动作都可以看作是站立之前的准备活动。

❷ 独自站立

站立是行走的前提，只有站稳了，站着不摔跤，方可行走。可以让宝宝靠墙站或在扶站时逐渐离开支撑物，独站片刻。亦可以让宝宝扶着床边、栏杆、爸爸妈妈的手独站一会，但这时的宝宝还需要通过手的抓握来控制平衡，即需要3个或3个以上支点来保持平衡。宝宝在感到自己能站稳时，会将手稍稍放开一会儿，试图独自站立。

❸ 蹲下、站起来

宝宝能够蹲下、再站起来，说明他不但腿部有了支撑的力量，而且有了一定的平衡能力和全身控制能力。因此，训练宝宝蹲下、再站起来利于学习行走。当腿部有力量了，宝宝就会坐在脚跟上，也可以从坐姿或卧姿转为站姿。

❹ 行走训练

等宝宝站立很稳定以后，就可以开始对他进行学走的训练。走是一种平衡协调运动，宝宝在学习走路的初期，身体平衡能力不足，所以走路时两脚分开，步子较大。只有当宝宝身体有了足够的平衡能力、具备了一定的空间概念、能够明白简单的指令、同时双手握放能力及下肢发育达到一定水平的情况下，走路才会自如。因此，行走训练应以这些条件训练为基础。

要特别注意的是，宝宝学走有早有晚，在训练过程中不要太强求，而且要关注宝宝自信心和独立意识的培养，给宝宝提供更多的机会，鼓励他自己尝试行走。

（三）健身活动

【游戏一】

名称：驮物爬行

目的：发展四肢的运动机能，锻炼对身体的控制能力。

方法：拿一个毛绒玩具，编一个可以让宝宝驮着它爬的理由，如"我们带小熊宝宝去找妈妈"。把毛绒玩具放在宝宝背上，让宝宝驮着，"带小熊宝宝去找妈妈"，对宝宝说："千万不要让小熊宝宝掉下来噢，不然会摔疼它的！"然后爸爸妈妈在另一边吸引宝宝，鼓励他爬过去。宝宝如果爬到目的地而没有让小熊掉下来，爸爸妈妈要代熊妈妈说："谢谢宝宝，把小熊带给我"，然后亲亲宝宝。

提示：宝宝爬行时，如果毛绒玩具掉了下来，爸爸妈妈要帮助宝宝重新背好，但不要半途而废，要鼓励宝宝爬到目的地，养成有始有终的好习惯。

【游戏二】

名称：拉栏站起

目的：锻炼四肢协调能力，训练上肢以及下肢力量。

方法：

（1）拿玩具在高处逗引宝宝，鼓励他拉住栏杆站起。

（2）爸爸妈妈拉宝宝双手从站位到蹲下；再让宝宝借助爸爸妈妈的手部力量站立起来，不是爸爸妈妈拉起来。

（3）待宝宝熟练之后，爸爸妈妈可以逐渐增加难度，在宝宝身体一侧放上玩具，逗引宝宝扶栏左右挪步行走。

提示：注意爸爸妈妈要在宝宝的背后随时保护宝宝，以防向后摔倒。

【游戏三】

名称：推车走

目的：锻炼四肢协调能力及行走能力。

方法：在平坦但不光滑的地面上，让宝宝推着大纸盒或小车来回走，宝宝在独走前借助一些外力已经能走了，这个游戏只要条件具备，多数宝宝会自发地进行。

提示：注意选择一块宽敞的地方让宝宝推车，爸爸妈妈要注意随时保护宝宝。

二、智力发展

（一）智力发展状况

1 基模的协调

宝宝已经知道使用一些方法去获得想要的物品，说明他知道方法与目的物之间的关系，如他可以用一根小棍去够用手拿不到的东西。

2 爬行使宝宝有了深度意识

宝宝通过爬行，空间知觉逐渐发展起来，如知道从楼梯上向下爬与在平面上爬不一样，以此判断自己的行动是否安全，这就是早期的空间概念。空间概念是人生最先发展的概念，借由空间概念的发展，使宝宝认识了自己的身体，认识了周围世界，开始了智力的发展。

3 注意力和记忆力更进一步发展

宝宝会寻找藏起来的东西，如能拿出被藏到杯子里的小玩具，打开简单的包装纸包拿出里面的食物等。

4 出现手的释放动作

宝宝能用拇指和食指从地上捏起小物品，然后有意识地扔掉。

5 用单词句与姿势结合的方式与人交流

此阶段，宝宝开始有指向地称呼爸爸妈妈了，这一进步会让爸爸妈妈兴奋不已。12 个月左右时，宝宝进入了用 1 个字表达多个意思的单字句阶段。于是，之前的姿势表达与这时单字词的结合便成为有效的交流方式，如宝宝除了用手指着奶瓶表示要吃奶外，还会说"奶"或"吃"。

（二）智力开发要点

1 鼓励宝宝用单字表达——延迟满足的方法

处于单字句表达阶段的宝宝，会用 1 个字表达多个意思，如说"水"，可能是要喝水，也可能是看到桌子上有水，还可能是水龙头没有关，水一直在流等。如果想了解宝宝所说单字的意思，就要凭宝宝说话时的音调、情境来判断。这种判断虽然不容易，然而爸爸妈妈却能做得到。为了让宝宝逐渐习惯口语表达的方式，爸爸妈妈可在宝宝需要时，稍停留片刻，并完善或重复宝宝的语言，如当宝宝指着水瓶说"水"时，妈妈可以边操作边说"宝宝渴了，要喝水"，用高质量的语言来帮助宝宝感受语言的顺序性和逻辑性。当然，对于延迟满足度的把握要恰当，宝宝说不说都没关系，不要让宝宝产生急躁的情绪。

❷ 鼓励模仿行为

1岁前的最后3个月，是宝宝在第1年里最善于模仿的时期，爸爸妈妈要抓住这一关键时期，帮助宝宝学习用身体姿势和词语结合来表达意愿。所以，要用与宝宝生活有密切关系的简短的词不停地对宝宝说话，可以用身体动作配合的儿歌，会丰富语言的表达方式。

❸ 培养看图画书的兴趣

对宝宝来说，书是一种能打开合上、能学说话的玩具。爸爸妈妈每天都要挤出一点时间和他一起看图画书。给宝宝看的书应当大一些，图画要清楚，色彩要鲜艳，每一页的内容不要多，图上的人物画像要大，人物的对话要简短、生动，并多次重复出现，便于宝宝模仿。这样，他就会对图书越来越感兴趣，对学说话越来越感兴趣了。

❹ 鼓励探索活动

由于用手能力及爬、站立和行走技能的日益增强，好奇心极强的宝宝宛如一位冒险家，他要查看环境中的每个角落，仔细查看所有家具的细节和日常生活用品的特点。对他来说，一个把手，一个软木塞或者一个小瓶盖，尤其是那些活动的、带开关或可组合的装置，都会让他着迷。对他来说，那些以前只能从远处看到的东西，现在就在眼前，伸手就可以摸着，这是多么令人激动呀！

爸爸妈妈要鼓励他的探索活动，赞赏他的每一个"新发现"。对于有危险的东西，与其大喝一声"不许动"，倒不如放到他够不着的地方，或者立刻设法转移他的注意力，以免伤害他正在萌芽的自尊心和自信心。

（三）益智游戏

❶ 手眼协调

【游戏一】

名称：搭积木

目的：能手眼协调地将一块积木搭在另一块积木上。

准备：3块3厘米×3厘米×3厘米的方积木。

方法：

（1）爸爸妈妈先做示范，拿起一块积木，说："宝宝，我们来搭积木，看，1块积木，再拿起第2块积木，轻轻地放在第1块积木上，两块积木都放好，再拿1块积木放在第2块积木上，3块积木都放好，哦，高楼搭好了。"

（2）引导宝宝一起来搭，"宝宝来搭高楼。"爸爸妈妈要观察宝宝是不是把1块积木搭在另一块积木上，如果宝宝拿起积木随意放，爸爸妈妈就要再做示范，也可以把着宝宝的手把第2块积木放在第1块积木上，第3块积木放在第2块积木上，反复几次。

【游戏二】

名称：试把豆子投入盒子

目的：锻炼手的灵活性。

准备：一只盒子，在盒盖上挖一个洞，洞的大小视豆子的大小而定，能将豆子放入即可。另备一只小盒装豆子用。

方法：引导宝宝用手捏起豆子，从洞口处放入盒内。开始时，可先用乒乓球来代替，渐渐地变小，直到豆子为止。等宝宝熟练后，可以在盒盖上打几个大小不等的洞，让宝宝将大小不同的东西放进洞中。也可以直接找一个瓶口直径5厘米的瓶子，来玩这个游戏。

【游戏三】

名称：敲敲打打

目的：训练手的控制能力和手眼协调能力。

方法：准备"打桩"的玩具，鼓励宝宝用小手打上面的木桩或木球。爸爸妈妈在宝宝面前示范使用锤子敲打玩具，然后让宝宝来做一次。凡是可敲打的玩具都可以，如儿童钢片琴等。

提示：宝宝起初并不能准确地敲打，爸爸妈妈要给宝宝充分的练习时间。

【游戏四】

名称：穿珠子

目的：锻炼手眼协调能力，提升动手操作的能力。

方法：爸爸妈妈示范将带有小棍子的绳子穿进珠子的洞里，引导宝宝观察爸爸妈妈的动作，然后协助宝宝的手来穿珠子，让宝宝自己尝试着穿。此时，不要求宝宝将绳子拉过去，宝宝能够将小棍子放进洞里即可。

提示：防止宝宝将珠子吞入口中。

❷ 感知探索

【游戏一】

名称：玩套环

目的：训练手眼协调能力，进行数学启蒙。

方法：

（1）爸爸妈妈与宝宝面对面坐好，在宝宝面前出示套环的玩具，示范将环套在轴上。边把套环套上边数："1个，2个，3个…"全部套完后，再一个个边数边取出来。引导宝宝自己学着操作，爸爸妈妈在旁边配合。

（2）也可以用倒扣的套杯来做，大的放下面，小的放在上面，如同搭积木一样逐渐堆高。

【游戏二】

名称：常见物品的认知

目的：增加认知量。

方法：爸爸妈妈和宝宝在家里可以经常学习认识家里常见的物品，如电视机、皮球、水杯、椅子、桌子、鞋子、电脑、苹果、香蕉、菠萝等，随时随地告诉宝宝他所接触的是什么东西，逐渐养成良好的认知习惯。

【游戏三】

名称：认识"1"

目的：发展数的概念。

方法：

（1）给宝宝拿饼干、香蕉、糖果等食物吃时，爸爸妈妈只需给宝宝1块，并竖起食指告诉他："这是1。"引导宝宝模仿竖起食指表示要"1"块后，再把食物给他。

（2）爸爸妈妈每次给宝宝食物时都引导宝宝先竖起食指表示要 1 块，然后才将 1 块食物给宝宝。

（3）还可以问宝宝："你几岁啦？"教宝宝竖起食指，表示自己"1"岁。

【游戏四】

名称：盖子配对

目的：模仿盖盖子的动作，掌握物体之间以及物体特性之间的最简单的联系，发展最初的思维活动。

准备：选择大小不同的 3～4 个带盖子的搪瓷杯或塑料杯，每个杯子里，有不同的小玩具，如木珠、小积木等。

方法：在宝宝学会盖盖子的前提下，爸爸妈妈将盖子反着放，让宝宝去盖上，引导宝宝将盖子反过来盖在杯子上，也可以同时出示 2～3 个杯子，让宝宝把大小不同的杯子盖上相应的盖子。

宝宝在反复盖上、取下后，最终选中合适的那个时，爸爸妈妈要及时鼓励宝宝。

3 语言

【游戏一】

名称：宝宝，你在听吗？

目的：用大量高质量的语言为将来开口说话打下基础。

方法：

（1）爸爸妈妈在做一些事情的时候，只要宝宝在身边，就可以边做边说。例如，洗衣服时，一边洗一边跟宝宝聊："这是爸爸的衬衫。""这双小袜子是谁的呀？""好，我们现在把衣服放到洗衣机里去吧！""来，这条毛巾给你玩。"……

（2）爸爸妈妈不要一厢情愿地说个不停，要随时观察宝宝的兴趣，留意他的态度，并不断给他参与活动的机会。如果只是单方面地大量讲话给宝宝听，对他语言的发展并没有什么帮助。

（3）正如同爸爸妈妈费心去了解宝宝借哭声、表情或肢体动作所传达的意思一样，爸爸妈妈也应该想到对宝宝所说的话，他是否能吸收，才能和宝宝产生双向的沟通。

提示：爸爸妈妈可随时配合日常生活来做。

【游戏二】

名称：都是"灯"

目的：运用词的概括作用发展思维，提高对言语的理解力。

方法：

（1）教宝宝认识各种各样的灯。它们的大小、形状、颜色、所在位置都是不同的，如台灯、吊灯、壁灯、红色灯、绿色灯、日光灯等。爸爸妈妈不论指哪盏灯，都应该说："这是灯。"并将灯打开再关上，使他了解灯的共同特点。训练一段时间后，问宝宝："灯呢？"启发他指出所有的灯。

（2）以此类推，教宝宝理解"球""鞋子"等词的意义。

【游戏三】

名称：学习指认五官和手、脚、胳膊、腿等身体主要部位

目的：培养积极探索的能力，丰富认知。

方法：此阶段大部分宝宝会认鼻子、嘴巴、耳朵，此时要继续教他认识其他部位。在教每个部位的同时，要注意语速要慢，让宝宝看到爸爸妈妈说话的嘴形，逐渐引导宝宝学习用简单的字来表达。

三、社会情感发展

（一）社会情感发展状况

❶ 社会参照出现

宝宝利用他人的情绪指导自己的行为。在一个陌生的环境里，宝宝经常看着自己的爸爸妈妈，想寻找帮自己解释环境的线索，这个现象就是社会参照，1岁末出现。例如，面对陌生人递过来的玩具，他会看爸爸妈妈的脸色，爸爸妈妈若做出鼓励的样子，他就会接过玩具，反之则拒绝。

❷ 最初的交友

宝宝将近1岁出现简单交往，常用微笑、大笑、发声、说话、给或拿玩

具、玩与同伴相似或相同的玩具等方式交往，其目的在于引起同伴注意，与同伴取得联系，并对同伴的行为做出反应，这就是最初交友的开始。

❸ 产生了多重依恋

宝宝原来只依恋妈妈一个依恋对象，这个阶段，他开始对第二个看护者产生了依恋，但并不会疏远第一个看护者，慢慢建立起和多个人的依恋关系。"分离焦虑"达到了顶点，有的宝宝会持续三四个月。

❹ 自我意识发展

开始对自己的镜像感兴趣，能够把自己镜像的动作与其他宝宝的玩耍区分开来。

（二）社会情感培养要点

❶ 用积极的"社会性参照"鼓励宝宝的探索行为

积极的"社会性参照"能促进宝宝的探索行为，对他的智力和社会化发展都有好处。但有的爸爸妈妈喜欢吓唬宝宝，在没有什么实质危险的情境下，也皱着眉头板着脸。这让宝宝共享了消极的情绪，抑制了探索行为。爸爸妈妈的这种行为还易让宝宝逐渐形成消极、懦弱的个性，因此，爸爸妈妈应尽量避免消极的"社会性参照"。

❷ 多与其他宝宝接触

宝宝1岁左右时，可以适当地为宝宝扩大社交圈了，让他有机会和别的宝宝接触。

❸ 禁止不该做的事

大哭大闹常是1岁孩子逼迫爸爸妈妈"就范"的主要手段，为此，坚决拒绝宝宝不合理的要求，一点也不能迁就。要让宝宝从小懂得：不能想做什么就做什么，不该做的就不能做，要坚决禁止。也就是让宝宝从小懂得"每个人都要约束自己的行为"，不能"为所欲为"。

❹ 合理应对宝宝分离时的悲伤

若爸爸妈妈确有自己的事情，应当让宝宝有机会尝试分离。但若不是客观必需，也没必要为了"锻炼宝宝"而刻意离开。

同时，爸爸妈妈离开时，要对宝宝的情绪状态给予充分的理解和安慰，最好事先做些利于宝宝的安排，如尽量找宝宝认识的人帮忙照看。如果必须要请陌生人照看，一定要提前让宝宝与陌生人有接触，接触的时间越长越好。环境最好是宝宝熟悉的，因此，请人到家里照看比把宝宝放在别人家里好。如果宝宝不得不离开熟悉的环境，一定要带上他心爱的玩具或物品，让这些熟悉的物品始终陪伴他，使他有安全感。

另外，爸爸妈妈尽量避免与宝宝长时间的分离，如几周或更长。若长期分离不可避免，找位合适的看护者非常重要。通常，爷爷奶奶、外公外婆等宝宝很熟悉又能真心诚意对宝宝好的人是最佳人选。

（三）亲子游戏

【游戏一】

名称：捉迷藏

目的：锻炼观察能力，初步培养与他人合作的能力。

方法：爸爸妈妈和宝宝一起，妈妈躲起来，可以在其他房间，呼唤宝宝的名字，爸爸协助宝宝跟着声音走到所藏的房间，让宝宝听听声音来自哪里，将藏起来的妈妈找出来，找到之后，妈妈要抱抱宝宝加以鼓励。

也可以在室外玩，爸爸躲到宝宝视线外，让宝宝爬来爬去地找到。多次练习后，宝宝会自己躲开再出现，有了主动游戏的意识。

【游戏二】

名称：玩娃娃

目的：培养社会情感，学习关心同伴。

方法：给宝宝一个玩具娃娃和一块手帕，告诉他："娃娃困了，要睡觉。"引导宝宝学会把"被子"（手帕）盖在娃娃身上，拍一拍。过一会儿，再给宝宝小碗和小勺，告诉他："娃娃该起床吃饭了。"引导宝宝将娃娃抱起来坐着，用小勺喂娃娃"吃饭"。

提示：宝宝一般会模仿日常生活中爸爸妈妈照顾他的行为，当然，还是要先给宝宝做示范。

出　版　人　所广一
责任编辑　殷梦昆
版式设计　点石坊工作室　吕　娟
责任校对　贾静芳
责任印刷　曲凤玲

图书在版编目（CIP）数据

　　婴幼儿成长指导丛书. 婴儿篇/王书荃 主编. —北
京：教育科学出版社，2014. 11
　　ISBN 978-7-5041-9044-4

　　Ⅰ.①婴… Ⅱ.①王… Ⅲ.①婴儿－哺育－基本知识
Ⅳ.①TS976.31

　　中国版本图书馆CIP数据核字（2014）第227649号

婴幼儿成长指导丛书
婴儿篇
YINGER PIAN

出版发行	教育科学出版社		
社　　址	北京·朝阳区安慧北里安园甲9号	市场部电话	010-64989009
邮　　编	100101	编辑部电话	010-64989592
传　　真	010-64891796	网　　址	http://www.esph.com.cn
经　　销	各地新华书店		
制　　作	点石坊工作室		
印　　刷	保定市中画美凯印刷有限公司		
开　　本	170毫米×230毫米　16开	版　　次	2014年11月第1版
印　　张	10	印　　次	2014年11月第1次印刷
字　　数	128千	定　　价	31.00元

如有印装质量问题，请到所购图书销售部门联系调换。